濤石文化

濤石文化

新世代環保政策

Thinking Ecologically

The Next Generation of Environmental Policy

Marian R. Chertow and Daniel C.Esty **原著**

許舒翔、李建宏、吳世卿譯

濤石文化事業有限公司

WaterStone Publishers

國家圖書館出版品預行編目資料

產業生態學：新世代環保政策／許舒翔主譯.
-- 初版. --
嘉義市：濤石文化，2004【民93】
面；　公分
參考書目：面
ISBN 957-29085-7-X（平裝）
1.環境保護-政策　2.產業-政策
445.99　　93015014

產業生態學：新世代環保政策

Thinking Ecologically : The Next Generation of Envionmental Policy

原　　著：Marian R.Chertow and Daniel C.Esty
譯　　者：許舒翔、李建宏、吳世卿譯
出 版 者：濤石文化事業有限公司
責任編輯：徐淑霞
封面設計：白金廣告設計 梁淑媛
地　　址：嘉義市台斗街57-11號3F-1
登 記 證：嘉市府建商登字第08900830號
電　　話：(05)271-4478
傳　　真：(05)271-4479
户　　名：濤石文化事業有限公司
郵撥帳號：31442485
印　　刷：鼎易印刷事業有限公司
初版一刷：2004年9月(1-1000)
ISBN：957-29085-7-X
總 經 銷：揚智文化事業股份有限公司
定　　價：新台幣280元
E-mail　：waterstone@giga.com.tw
http://home.kimo.com.tw/tw_waterstone

譯者序

二十世紀的水、空氣及垃圾等環境污染問題，雖已在世界各國及各級政府的努力下有所改善，但是人類世界在邁入二十一世紀後所面對的環境壓力並未因此減輕。事實上，很多的環境議題已由地方型轉變爲全球型。例如，全球暖化的問題雖然需要世界各國政府共同的努力來解決，但是目前仍缺乏有效的全球性組織及機制來處理。另一方面，很多國家在處理其內部的環境問題時，亦將環境問題切割分散由許多不同的政府部門來處理，使得環境保護的政策與執行顯得支離破碎，缺乏整體整合性的組織及解決方案來有效地解決環保問題。

面對二十一世紀環保問題的全球化及複雜性，“新世代環保政策”一書提出以生態及系統性思考的模式來探討二十一世紀的環保政策，它認知到人口的成長及生態系統間的複雜關聯，與其影響所及的環境問題，非是二十世紀破碎性、分散性的環保政策所能處理的。因此，本書作者試圖以整合性的生態及系統性思維來重新思考環境政策並提出新的策略，以有效地達成永續發展的目標。

本書值得國內各級政府、環保機構及關懷環保議題的團體、教師、學生及政治人物參考，因此特邀請留美博士李建宏教授及留英博士吳世卿教授一同編譯出書，希望能藉由此書爲台灣的環保略盡微薄之力，另本人由本書所得的版稅將全部捐贈給財團法人士心文教基金會作爲辦理環保公益活動之用，特此聲明並感謝濤石文化事業有限公司大力協助本書的編譯出版。

許舒翔

2004年8月于

環球技術學院

目錄

Contents

第一章 產業生態學:克服政策的零碎化

Charles W. Powers and Marian R. Chertow

在一個世代以前，環境保護工作似乎較爲單純。經濟活動如果產生沒人要的副產物—包含空氣、水和土地的污染，則必須停產，典型的方法已經非常明確地納入中央政府的法令規範；一個世代以後，我們瞭解到環境保護潛在的觀點是極不同的。我們發現我們只是剛開始認識到生態現象間的相互關聯性，並且看到我們過去的法令和政策總是經常錯失目標，或是對於新的科技知識毫無反應[1]。

經由產業生態學這個新生領域的角度來觀察，「經濟系統被視爲與其週遭環境不再是隔離的，而是與它們息息相關」[2]。在什麼是污染和如何處理污染的問題，應放在結構性的因素中來探討；例如廢棄物，假如可以被其它公司拿來當成有效的生產原料，則它就不會被視爲一個麻煩的問題。廣義來說，環境不再被視爲只是人類活動以外的世界，而是整個「產業」決策的本質問題，不論產業是否只是狹隘的被解釋爲一個特別的組織活動，或是涵蓋人類活動的全部。

產業生態學是對環境的系統式研究。不同於1970、1980年代的法令和政策僅將污染依地點、產品與毒物區分成的個別問題，本章探討依科學爲根基的產業生態學如何成爲政策的指導方針，也檢視第一代的環境法規、討論所遭遇的系統問題、描述爲什麼以產業生態學爲基礎的政策架構可以克服現有的兩難問題，與提供以系統思考為主的轉型策略，好讓我們走向一個比較一致的環境政策導向。

回顧

在1970年，對於環境決策上同時播下全面化與目標化方法的種子。當年國家環境政策法案（*The National Environmental Policy Act, NEPA*）獲得通過成了法律，只花了五頁整理出美國政府的政策—「建立並維持人類與自然界能夠融洽共存的條件」，並藉由授權政府與民間組織間的夥伴關係，合作解決問題，以便完成上述政策[3]。同一年的空氣淨化法案，我們看到數百頁包含著許多定義、標準、刑罰和義務的內容，法案的焦點集中在單一的媒介物—空氣—的相關健康和救濟制度問題之建立。

接下來的幾年，國會議員們倉促地推行特定的環境立法，以便應付公眾所一直關心的事物（*NEPA*中廣泛的面向絕大部分在國會中被忽略了）。當時新成立的環境保護署（*Environmental Protection Agency, EPA*）熱衷締造對國會與美國民眾的回應速度記錄[4]。緊接著1970年空氣淨化法案（*Clean Air Act*）之後複雜度與之不相上下的，就是1972年的水淨化法案（*Clean Water Act*）。有著前述的例子，需要立法機構訂定特別法的聲音高揚，而通過的新法案、條例、章程和規則等，如潮水般湧到。僅有少許的注意是致力於立法的重覆、疏漏和矛盾。

最初，有一些適當的理由將環境保護工作分爲空氣、水和廢棄物等類及其子類，並將其區分爲不同的等類，例如：農藥或有害廢棄物。的確，誠如本章所指出的，把問題分開將使問題更容易處理與理解。這個方法讓我們現行對環境保護的努力提供了一個有用的開始，事實上也是非常的成功。在80年中期，空氣變得比較乾淨，垂死的河川再度燃起生命，有毒的污染在到達地下水岩層之前被有效的阻隔，污染在環保法令的探照下無所遁形。

然而，這些支離的管理方法很有問題。只依靠媒介物和種類來分類污染，就其本身而言並不足以使體制運行不良。問題來自如此的分類所導致的零碎化。引用政策科學家*Harold Lasswell*的話：「零碎化將比分類更爲複雜。它暗示著那些貢獻知識方法的那些人，失去了整體的看法，而只是關心自己獨有的專業知識，甚至他們發展更複雜的技巧來應付他們立即面臨的問題，卻忽略了對於整個社會所可能形成的後果，或他們對於政策所造成的影響。」[5]

在美國環境保護的計畫中，零碎化有幾個分類：即藉由污染物質的型態、生命週期和組織特徵來區分。

以污染物質型態區分的零碎化，關係到我們如何去整頓不同的污染。如同當時所懷疑的、現在我們瞭解到污染並不會遵守立法的分界，例如：空氣、水和廢棄物。二氧化硫氣體即使是經過大煙囪而釋放到空氣中也不會消失，並且會以酸雨的型態回到地面，進而造成飲水供應的危險；假如我們將它在離開大煙囪進空氣之前就攔截下來，就會產生污泥，那麼我們又必須面對有毒廢棄物的挑戰。零碎化的法令無法考慮到不是已減量或消除的污染，而是從一個地方移轉另一

個地方的污染。

第一代的環保法令還是導致產品生命週期各階段的零碎化。所謂產品生命週期是指從產品材料的選用、製造、分送及使用，最後到回收利用或最終處理的一連串過程。我們發現圍繞在工廠排放的法規，對減少環境衝擊沒有多大用途，特別是當零件或原料是來自於其他協力廠商。而生產場所爲中心的方法也無法說明產品給用戶所帶來的環境問題，不論他們是批發商、零售商或是最後的消費者。不幸的，通常是控管結構的本身一在這裡的例子特別指的是資源回收與利用產生環境問題的法案（*Resource Conservation and Recovery, RCRA*），因爲它只著重於隔離廢棄物，經常排除簡單和基本的廢棄物交易與回收。這些法案嚴重地限制回收與再利用許多危險物質的可能性，即使它們的重複利用可以產生明確的環境利益。

組織的零碎化已經在兩方面證明它不易處理：實現法令的方式與接踵而來的組織文化的問題。代表每種媒介物的法令，各自發展出不同的定義和標準，以及刑罰與義務，並且依據不同種類的時效、觸犯法令的行爲、與政府當局對於何事何人何時的授權，而有不一樣的處理方式[6]。結果就是，每個法令發展出本身獨特的概念，包含：測量值、容許值、放流標準、哪些事物被涵蓋和不被涵蓋的界線以及立法方式，這種方式是爲了將人們的注意力，集中在於符合特殊法令的要求，而不是爲了提昇環境。當全民針對一連串新的法律與規章，投入執行與興訟的工作時，「建立並維持人類與自然界能夠融洽共存的條件」這句話就變成了保育人士的演說素材。

在80年代中期，制度上開始出現了一連串的警訊。專家們的報告指出，大量的有害物質已經出現在法令的探照燈外，正往接受者的路上，污染者與接受者都相當憂慮。一些對於長期或短期修正以符合法令的決策，已漸漸地受到約束，但不是針對環境的潛在利益，而是小心的評估是否及何時法案將通過，以及法令是否將因應新數據而改變。加諸受控管社群不願意配合的情緒，是當越來越多的污染被清除，控制與預防的成本卻急遽增加的知覺。

對於錯綜複雜的法令涵蓋了正確的論點，且有效地執行的信心漸漸動搖。由於決策者過於注意有限範圍的議題，以及被零碎化政策遮掩看不到累積衝擊，環境人士指出眞正影響到大衆健康與環境的主要和長期的威脅（例如：棲息地消逝與農藥濫用），一直被忽視。

情況本來慢慢的，後來越來越明朗，現行法令造成的似乎比要修正的情形還糟糕[7]。認爲一些法律可能產生不良後果的觀念開始出現，特別在那些證據尚未完備的情形下，即使到今天，在大部分的案例中，學界仍然停留在意見分裂的狀況。例如，一個要減少10μ微粒的科技，會不會散發出更微小並更具有危險性的粒子？當汽油添加氧化物，以試圖減少排放氣體中一氧化碳的含量時，會不會造成更大的危害？石綿相關法令會不會鼓勵不當的移除方式而增加學校內纖維量？將現有工業區移植於需要更新、更昂貴和更符合環保的基礎建設的〝綠地〞（*Green Field*）中的新工業區，是否可以避免超級基金要求的義務成本？[8]

重建一個長期的願景

逐步發展中有關人類與生態系統的知識，已經幫助我們瞭解相互關係的多重性、複雜的互動以及他所造成風險的長期本質；一個對於環境政策零碎化的方法轉移了分析、觀點整合與有創意地解決問題的注意力，而這些都是是我們理解並保護公眾健康和自然資源的來源。當第一代方法的限制已經越來越明顯，環境學家與產業學家同樣地已經開始注意，現行法令妨礙到創造力、大部份人的見解[9]、廣泛思考的誘因、結合各種不同環境論點的努力，以及同時對環境與社會議題從事有系統性的研究等。更廣泛想法的再度出現，活化了*NEPA*天穹式的目的，也就是「建立並維持人類與自然界能夠融洽共存的條件」，它已經開始啓發下一代產業生態決策的看法[10]。

下一代環境政策的主要衝力必須超越了法令與組織的障礙，這些障礙的發生是由於僅針對單一媒介物、單一種類、單一物質和單一生命週期的方式所建立，新目標是對環境威脅的全方位與長期考量所造成。下一代的環境政策必須抗拒零碎化，並且幫忙克服文化的障礙，和處理經濟活動與自然界互動間的複雜問題；它也必須機智地迴避太有限分類的限制、生硬的方法和狹隘的思考所造成的困擾。我們朝產業生態學而探索的願景，意味著回到現代化環境時代的起點。事實上，25年的學習與經驗，允許我們現在去重新開啓一道通往包含更多政策方式的大門。

產業生態學與政策進展

爲了尋求更好的政策，「產業生態學」這個逐漸顯現的領域正能夠爲下一代的思考提供導航，並強調一個系統性的觀點。「生態學」的運用面著重於大自然的運作，它強調大自然界中各項資源、能源與廢棄物有效使用的模型。「產業生態學」則檢視在生產、加工過程、工業領域與經濟活動中，區域、局部與整體的物質與能源流向。這裡提到的「產業」有兩種觀念，最廣泛的含義是：全體人類的活動型態，產業生態學研究人類與自然界的關聯，即在較大的生物物理環境中人類的活動狀況，包含資源的來向及廢棄物的去處，當中還會看到產業界，也就是所有種類的法人組織，在環境保護所扮演的關鍵角色[11]。

產業生態學是一項新的領域，這個領域中最重要的研討會是在1991年由國家科學學會（*National Academy of Sciences*）所舉辦[12]。它擁抱幾項系統觀點，並建立於許多的前例之上。產業生態學融合技術發展，於生命科學的模型有著強烈的興趣及系統科學的基礎[13]。雖然例行性依賴一些工具，例如：*design-for-environment*（*DFE*）和生命週期評估[14]，但並不創造它們。產業生態學已經被認定是一項「應用許多已存在的理論與方法，並且發展出新一套方法的有效架構」[15]。雖然沒有單一的公開發表文章完整地闡釋產業生態學，在此旗幟下的科學家與工程師所使用的概念群組，在三個層次上有豐碩的成果：

在公司內

許多方法，例如：全成本計算（*Full-Cost Accounting*）與*DFE*，將金融與環境考量放入同一個系統中，已經被證明是有用的方式。*AT&T*公司的*Brad Allenby*注意到：「在短期間內，環境設計的意義，仍然是產業生態學能夠開始在現今實際世界中被施行的模糊規範，它要求環境的目標與限制被置入加工與產品的設計，以及材質與技術的選用。」[16]

在公司間

跨越公司的界線，會在同一個生態工業區內的公司間引起許多資源的分享，例如：水、電力和廢棄物[17]，這個想法由通用汽車行政部門轉任哈佛大學教授的*Robert Frosch*描述：「產業生態學的觀念是直截了當的類推於自然界的生態系統。在自然界中，一個生態系統的運作是透過整個錯綜複雜網絡所形成，於其中生物彼此吞食或以彼此的排洩物爲食[18]；在產業界中，我們可以將產品與廢棄產品類推成上述情況。」另外，一些公司也已經認同它們的產品在其生命週期的期間，穿越許多公司的界線，例如從設計、生產、流通到最終的處置。當一個公司（例如：*Duracell*和*S. C. Johnson*）決定從事綠化供給鍊「*Green the Supply Chain*」，也就是要求它們許多供應商都要符合環保的需求，它們正在以產品生命週期的架構從事環境提升。

區域性與全球性

追蹤原料與能源所跨越的地區、經濟組織與全球的流向，可以說明工業與商業產品成分的去向[19]。以*Valerit Thomas*與*Thomas Spiro*對世界經濟中鉛金屬的研究爲例[20]，它利用圖表說明每年5.8百萬公噸鉛的來源與使用情形，當中顯示多少鉛金屬被生產，多少鉛金屬被回收，以及多少鉛金屬消失在環境中；它分辨單一次使用，如發射後直接消失在環境中的鉛彈，到比較容易回收的使用形式，例如車用電池。

產業生態學如何適切地結合現行改善環境政策的觀念？「永續性（*Sustainability*）」與「永續發展（*Sustainable Development*）」是許多人們心目中對於環境的長期願景，它能夠滿足現在的需求，而不妥協未來的要求[21]。追溯1992年聯合國地球高峰會議的內容，永續性成了經濟發展與環境保護的國際性目標。並且它是在「永續發展領袖會議」（*President's Council on Sustainable Develepment*）裡，明確表達的全國有共識的關鍵概念[22]。永續性是抽象的且經常無助於具體的選擇，它是如此地不明確，以致於不能夠幫助我們知道它是否被濫用或誤用。然而永續性已經抓住很多人的想像和注意，並且證實在改變人們的想法上有其存在的價值，那也是下一代環境政策中一個重要的焦點。事實上，第一個產業生態學教科書的作者已經把兩個概念連結在一起[23]，將產業生態學稱做「永續性科學」。

一些其它的概念是很好的短期行動指標，但或許太過狹隘或僅注意到方法的本身，而不適合做政策指標。舉例來說，風險分析強迫對危害、路徑與接受者三者間的相互作用做出決策，而且只要關心潛在風險一定要考慮這三部曲，此外，風險分析需要特別注意到數據與事實。儘管現行法令和政策中一些受挑戰的歷史，風險分析對於下一代的政策而言，仍然是一個有價值的方法和關鍵的構成要素。（參閱第十章）

然而，其他現行的觀念強調政策落差必須被填補的觀點。再設計的努力或無時不在的創新，都提醒我們必須思考如何去改進環境努力的結構。同樣地，全面品質管理（*TQM*）注意到流程的改進、系統的失敗和持續的改善。污染防治已激發超越「管末（*End-of-the-Pipe*）」的分析方法，而簡化為「管前（*Front-of-the-Pipe*）」的方法—考慮全部流程的最佳化以減少廢棄物，而不是對所有管路做最佳化考慮。

如同*Stephan Schmidheiny*所提出的「生態效率（*Eco-efficiency*）」或是*Michael Porter*的「資源生產力（*Resource Productivity*）」，兩者均強調另一個重要的要素—毋需浪費資源，不論是物質上或金錢上的資源。這些觀念在公司的層級是特別地有用，也許將引導公司如同永續性遠景引領的更為廣闊的社會改變。

雖然認可其它觀念的貢獻，我們有理由特別注意產業生態學。產業生態學結合兩個重要的觀念：（1）留意到自然世界就好像一個（生態）系統，（2）留意到全部人類改變環境的整個過程與該項改變的機構與主要工具（工業）。產業生態學同時有可能為局部與近期的問題提供立即的指引，例如：如何達到有效成本的再加工及被丟棄材料的再使用，

並且也能有助於判斷自然界與經濟重大流通的長期意義。

誠如*Princeton University*的*Robert Socolow*所描述，產業生態學也將企業體（從服務業、製造業、礦業，再到龐大的農場經營），定位成環保上的關鍵角色。視公司爲害群之馬的第一代觀點，讓我們錯過了使它們居於環境保護領導地位的潛力，特別是在環境問題的技術方面。從環境的利益來期望產業，產業生態學也強調產業的生產過程與設計，是什麼爲資源及其如何被使用的重要決定因素。

產業生態學大致上已經被視爲一門描述世界如何運行的科學，或是以*Robert Frosch*的說法，是去描述「一個產業的生態」。是否或如何使用此觀察力以制定決策通常很少被開發。國家工程學院院長*Robert White*提供一個產業生態學的定義，它包括了科學上的基礎以及政策的含意：

> 產業生態學是研究原料與能源在工業與消費行爲上的流通，和他們的流通在環境上的影響，以及經濟、政策、法令和社會因素對資源流通、使用與轉換的影響[24]。

*White*的這段話有三個重點，系統分析的技巧僅適用於這段話的第一個部分，也就是「原料與能源在工業與消費行爲上的流通」；第二部份需要增加定量與定性上的分析，以評估「上述流通在環境上的影響」；最後，第三部份是必須與政策做結合，包含「經濟、政策、法規和社會因素對資源流通、使用與轉換的影響」。將依循上述追蹤鉛金屬的例子，第一部份將是質流分析，第二部份將計算鉛所造成的環境破壞，第三部份將以如下的問題反問自己，假如其他國家

（例如美國）決定實施禁用有鉛汽油，那麼他所面臨的衝擊將會是什麼[25]？可想而知，接下來模擬政策與它的衝擊，將是在我們伸手可及的範圍內。

事實上，質流分析能夠給予重要的政策洞察力。當利用這個方法時產業生態學者發現，人類活動不僅使得碳循環改變，致使全球氣候改變，而且氮循環也已經失常，不可思議的是氮氧化物散發到空氣中的量遠少於農業肥料生產的量，而這些肥料是用來種植人口成長所需的糧食[26]。雖然上述現象的眞實效應仍然在被觀察中，但是此項分析建議我們或許必須重新檢視我們的農業政策。（參閱第六章）

*Socolow*提到，質流分析政策的「破壞性」力量之一，是因爲「不管是否容易控管，此法一視同仁」[27]，因此，質流分析可以確認有害物質，但是不管它們是否超出法令的限制值。無論發生任何環境危害，在大部分情形下，把政策的注意力以及有限環境資源對準在最具破壞性的環境傷害，對下一代的環保計劃而言，是一個關鍵性的任務。假以時日我們可以修改法令結構，以趕上科學知識的進步，促使分析範圍的界限得以擴大，就像本章的最後一段所描述的。

另一個產業生態學中跨科技的方法—生命週期分析，它產出其他的政策洞察力。藉由追蹤空氣、水、廢棄物的輸入與流放，生命週期分析優於零碎化的典型例子。當使用生命週期模型時，比如分析學家*John Schall*就發現，都市垃圾再利用對環境的衝擊，並不亞於將其焚燒或掩埋的結果。然而，當觀察廢棄物管理系統與前端生產系統的整個生命週期時，產生非常不同的結果。*Schall*發現資源回收是非常的值得，不是因爲它是較高級的處理技術，只是因爲製造過程中

對於環境的衝擊，使用回收資源的產品將會級數式小於未經使用的原材料[28]。但這些知識沒有爲生產者提供非常不同的誘因，以鼓勵其更深入參與資源回收，反而引起新的政策問題，因爲公部門更不能將回收視爲「處理」方案之一。

以商業的用語來說，產品生命週期被視爲「價值鏈（*Value Chain*）」，那是公司從自然資源開始到產出產品爲止，完成價值創造的活動。就像是*David Rejeski*所說的，價值鍊的想法能大大地擴充環境學習與管理的範圍，以跨越不同產品功能與不同公司間的藩籬。當*Motorola*要求自生產過程中消除氟氯碳化物，它轉而向協助它的協力廠商尋找代用品。環境問題的解決能力能夠轉譯成公司間的協議或資料分享，並且也可以包括跨越價值鏈間環境管理系統與共同標準的採用，如同國際標準化組織（*International Organization for Standardization,ISO*）透過*ISO 14000*的環境標準的設定程序來推廣[29]。

以質流分析與生命週期分析依賴數據呈現的事實來推斷，在任何政策可能被決定前，產業生態學需要周全知識是一個無法達到的層次。但這些產業生態學的方法限制了其本身廣闊的範圍，包含沿著多維方程式的一軸以追蹤在質流分析中的單一流量，或生命週期分析中個別產品或過程之特性。然而，對於產業和自然界兩者間的瞭解與聯繫是龐大而重要的，它要求我們不停的檢視是否已經準確地定義我們的政策問題。

政治經濟學家*Charles Lindblom*曾經著述：知識是局部的而政策過程因此必須漸增。他觀察到：「政策並非一次定終身，它是無止盡地重複被決定。政策是一個需求目的被持續逼近的過程，而需求本身在重複考慮下持續改變。」[30]奇怪的是，我們現行環境法令的體制使得這樣的邏輯難以繼續，它緊緊扣在微微克（*Picogiam*）的標準和幾乎以商標名稱來授權控制技術，且經常是強硬與絕對地不予妥協。或許它正是最根本的障礙，也就是生態學家所稱的「適應的行爲（*Adaptive Behavior*）」，或是組織心理學家所稱的「學習（*Learning*）」。

另一方面來說，以產業生態學所建構的模型並不太合適過於固定不變。因爲它強調找尋、納入新數據與不斷的學習，如同我們在物理學、生物學與政治學現象的瞭解一直在變，所以它可以產生更有彈性和持久的政策來源。事實上，產業生態學的工具對於確認問題而言是重要的機制，因爲它們是以數據爲依歸並且與事實相近。下一代的環境政策將十分依賴察覺與檢視新現象的能力，而非受這些現象的盲目支持。

討論政策通常不僅包含「我們該做什麼?」，還包含「誰該做它？」。面對最大挑戰的機構是政府，因爲政府不僅藉由法令而存在，而且還必須建立法令。*Socolow*提到，以產業生態學的角度來看，商業公會是「政策製造者而非政策的接受者。企業表示，對於環境的目標不再是排斥、反抗與勉強地接納，而是如同工作人員安全與顧客滿意，這樣的目標會是生產結構的一部份」[31]。

我們必須回到尙未回答的問題，也就是如何去找尋一個方法來克服先前所提到有關文化的障礙。永續性的象徵已經被喚醒，產業生態學的能力在於它提供一個與完整系統的聯結，而不再是殘缺不全。在人類與自然界間建立的辯證法則

中，產業生態學允許我們認定爲特定目的做決策的零碎化文化已經過時。

轉型時期的管理

由於守舊勢力的強大力量，因此政策改革通常是個困難的過程。如上述所討論的，現行法令體制有著令人卻步的複雜性，它使得全部在其內部運作的人，在思考模式上產生重大的衝擊，即使它有弱點，這個文化保存了我們不想失去的重要價值觀。改革可能導致環境保護較差的恐懼感，是實際的且必須被重視。

廣義來看，我們發現有三個完成環保政策改革的方法，那就是「革命」、「保守」和「演進」。一些專家提倡政策革命並迫使脫離現行的體制。在94到96年間的國會初次方法中，評論家認爲此改革爲徹底取消管制的革命；其他人則支持以新的單一環境法令來取代現行法令，以克服零碎化的政策[32]。但是贊成法令大幅修改的支持者，即使是對環境保護認眞承諾好人，很快地發現他們與政策「保守人士」針鋒相對，而許多環境人士儘管不滿意現行法令，仍然謹愼於任何主要的改變。在這例子裡，環境人士視修改任何現行法令的範圍爲過度冒險。然而這個出乎意料的結果將使得可能的革命與保守方式都失去效用。

演進的出現是最能實行改革的方法。透過不斷嘗試的演進成果，而連貫一致的改變最能夠被實現；在這裡，成功的新政策形式被保留下來，其他則被剔除。這個被視爲自然界進化的方法，已預先考慮到在複雜問題與預期後果的法則上，可能出現的錯誤和失敗。這個生態模型暗示著，在保留現行立法跟法令體制，同時基本的政策結構重整能夠被施行。只要測試與微調成功，改革的空間與時間允許，舊方法會讓路給新方法。產業生態學可以適用於一種基本的自然現象一當新的外套已經準備好了，我們才把舊的扔掉。

兩個競爭的環保政策體制以協力車式運作的提議，對一些觀察家而言似乎無法理解。環境提倡者也許擔心雙重的體制將被污染者巧妙地運用。同時，被控管的公會也是以謹慎的態度看待雙重的方案，害怕任何新的方案將只會增加他們法律上的義務[33]。兩者所關心的事不是可以面對的，即保留在現行的法律架構，但同時也開始有意識地以新體制來替代舊有的體制，（即以透過產業生態學的觀點，建立新方法和最終新政策的方法。）

受控管實體必須被鼓勵去構思、提案和驗證各種不同組合的新慣例，這也是政策轉換的關鍵架構。實驗可以在工廠層次進行，但必須承諾各公司的資源或物質的使用會明顯地改變。這裡所指的慣例是解決一般困境的程序，它既是操作也是觀點，看在不同場合，它有效的幅度或是此運作爲何比較明顯[34]。例如全錄（*Xerox*）公司已經建立一套與顧客間創新的制度，它協議以出租和買回影印機的方式，將影印機設計成方便於資源回收。全錄公司開始這樣的運作是非常特殊的，但是它也在過程中建立一個設備生產者和消費者之間的關係慣例。提倡租約以確保資產有較長壽命的方法，事實上

那只是整個產業生態學運動的一部份[35]。

由於許多個別的實驗結果，我們累積的已連結及可連結慣例將隨時間而成長。藉由新慣例而解決問題的經驗，將開始切入現行法令形成問題的方式，並且鼓勵使用新的方法，最後將要求新的政策。

因爲一些新產生的慣例與現行法令相互牴觸，新舊體制必然發生衝突。只要新慣例比現行方案更能保護環境，放棄自舊法的權利應該讓渡給新法，當然，這或許並不容易下定決心。直到今天，*EPA*幾個測試替代方案的計劃，可以理解地相當膽小，目前爲止，我們對此項讓渡權的正常配額仍缺乏經驗[36]。假如採用產業生態學目標建議的程度與範圍，主動發放讓渡權，我們仍然必須探討會留下什麼弊端。

任何演化的方法均需要受更大目標所規範。替代體制不能被當做是脫離正常要求，而發展出從不同地點、不同工廠到不同事件一路棄權的過程。一個考量與檢視新慣例的標準，應該是變成一個例行的方式，以說明環境管理挑戰一再重覆的型態。每個層次的經濟參與者都需被鼓勵，以致力在其運作的領域中可以發展和實現較好與較節省的環境成果。這裡，舊有的控制體制將成爲激勵者（因爲被控管公會將渴望逃離舊有體制的壓迫）與平衡者（因爲舊有系統將持續的適用於所有不合格的被控管實體）。

產業生態學並不是環境政策的萬靈丹。許多環境政策上的困難是超越了分析架構問題的管理、知識、價值觀與架構的挑戰，但是建構在過去的進展與對於所面臨問題的系統性理解的累加發展過程，或許我們可以建立一個以產業生態學爲基礎的環境管理體制，來贏得革命派與保守派以及中間廣大群衆的信心。當成功慣例的數量持續成長，他們藉由法規或立法，來取代現行的體制。產業生態學對於上述慣例的累積提供了分析的架構，當這些慣例結合在一起，將會形成一個新的環境政策結構，以符合人類與大自然日益複雜的互動間的需要。當這些慣例被授與公共政策的角色，我們可以脫去磨損的空氣／水／廢棄物的舊外套，邁向永續美國（新外套）的道路。

------註釋------

1.See Myron F. Uman, ed., *Keeping Pace with Science and Engineering:Case Studies in Environmental Regulation* (Wishington, D.C.: National Academy Press, 1993) , a volume from the National Academy of Engineering, for examples of how regulation has not been able to keep up with increases in knowledge.

2.T.E. Graedel and B. R. Allenby, *Industrial Ecology* (Englewood Cliffs, N.J.: Prentice Hall, 1995) .

3.The National Environmental Policy Act, which has become a relatively ineffective environmental policy tool, still offers a useful vision of how

environments policy should be made. In particular, it seeks to assure: (1) intergenerational equity ("fulfill the responsibilities for each generation as trustee of the environment for succeeding generations"); (2) environmental justice ("assure for all Americans safe, healthful, productive and esthetically and culturally pleasing surroundings"); (3) beneficial use ("attain the widest range of beneficial uses of the environment without degradation, risk to health or safety, or other undesirable and unintended consequences"); (4) ecological diversity and individual liberty ("preserve important historic, cultural, and natural aspects of our national heritage and maintain, wherever possible, an environment which supports diversity and variety of individual choice"); (5) prosperity ("achieving a balance between population and resource use which will permit high standards of living and wide sharing of life's amenities"); (6) conservation ("enhance the quality of renewable resources and approach the maximum attainable recycling of depletable resources"). See J. McElfish and E. Parker *Rediscovering the National Environmemtal Policy Act* (Washington, D.C.: Environmental Law Institute, 1995).

4. According to James E. Krier and Mark Brownstein, "On Integrated Pollution Control," *Environmental Law* 22 (1991):121, whether or not air/water/waste was the best organizing principle for EPA, media-specific bills had been enacted by

Congress and tie objective Of EPA's first administrator, William Ruckleshaus, was to establish the agency as a responsive player. "Ruckleshaus thought that it would be too unsettling, confusing, and time-consuming to begin the new Agency's life with efforts to revamp this fragmented(non) systeni in favor of an approach organized around administrative functions-such as research, monitoring, standard-setting, enforcement, and the like."

5. Harold D. LassweR, "From Fragmentation to Configuration" *Policy Sciences* 2 (1971) : 439-46.

6. A very useful two-page diagram that illustrates just how different these laws were on issues such as the designation of different federal regulatory agencies, different definitions of effect, approach to risk, and so forth is found in *Neurotoxicity:Identifying and Controlling Poisons of the Nervous System*(U.S. Congress, Office of Technology Assessment, April 1990) .

7. One example was inspired by the public disclosure provisions of tile "Emermency Planning and Community Right to Know Act." The law has led some firms to dispose of waste by deep well injection rather than find an alternative, environmentally (or economically) preferable means of disposal because waste deposited in that way was not subject to reporting requirements.

8. In particular, CERCLA seems to have created implicit incentives for existing owners to avoid knowing about possible contamination on their property and for prospective users to avoid

involvement in cleanup issues related to such property. The unintentional result-until a series of recent initiatives made as part of EPA's Brownfields agenda-may well have been a significant rise in abandonment of urban commercial and industrial properties. Some experts believe that the actual risks to unwitting urban users of such abamdoned contaminated properties may exceed the risk averted by the Superfund program.Surely the impact of CERCLA on urban blight is well recognized to be an extraordinary indirect cost of the current Superfund.

9.Philip K. Howard's *The Death of Common Sense*: How Law Is Suffocating America(New York: Random House, 1994) succeeds in major part because of the poignancy of Ws examples from the environment.

10.See James McElfish, "Back to the Future," *Environmental Forum 12*, no.5(1995) : 14-23. McElfish, it should be noted, believes that the entire contemporary desire to pursue the next generation of collaborative and holisic environmental policy needs no additional authorization (though perhaps it could use congressional reaffirmation) since NEPA provides what is required.

11.See also Reid Lifset and Charles W. Powers, "Industrial Ecology and the Next Generation Project" (drafted in preparation for the Next Generation workshop on industrial ecology at Yale University, New Haven, March 1996) . Lifset, a pioneer of industrial ecology, is now editor of the first peer-reviewed journal to serve this new field, the *Journal of Industrial Ecology* (MIT Press) , and he very thoughtfully reviewed this chapter.

12. The first main conference report on the topic of industrial ecology is from L.W.Jelinski et al., *Proceedings of thenational Academy of Sciences 89* (1992) , based on a colloquium entitled *Industrial Ecology*, organized by C.K.N. Patel, held in May 1991 at the National Academy of Sciences, Washington, D.C.

13. See Suren Erkman's *Industrial Ecology:A Historical View* (Geneva:Industrial Maturation Multiplier[IMM], 1997) , and *Journal of Cleaner Production*, forthcoming, for the strands industrial ecology has drawn together, particularly from the U.S., Europe, and Japan. Many previous analytic tools such as life-cycle costing, energy analysis, and residuals management are antecedent to current methods of life-cycle analysis. The call for papers issued by the new *Journal of Industrial Ecology* states that it "will address a series of related topics" and then lists material and energy flow studies (industrial metabolism) ;technological change; dematerialization and decarbonization; lifc-cycle planning, design and assessment; design for the environment; extended producer responsibility (product stewardship) ; eco-industrial parks (industrial symbiosis) ; product-oriented environniental policy; and ecoefficiency.

14. "Lifc-cyclc assessment is an objective process to evaluate the environmental burdens associated with a product, process, or activity by identifying and quantifying energy and material usage and environmental releases, to assess the impact of those energy and material uses and releases on the environment, and to evaluate and implement opportunities to effect environmental improvements. The assessment includes the entire life cycle of the product, process, or activity, encompassing extracting and processing raw materials; manufacturing, transportation, and distribution; use/re-use/maintenance; recycling; and final disposal." Society of Environmental Toxicology and Chemistry, *A Technical Framework for Life-Cycle Assessment* (Washington, D.C.: SETAC and SETAC Foundation for Environmental Education, Inc.,January 1991) , chap. 10.
15. See Battelle, Pacific Northwest Laboratory, "The Source of Value:An Executive Briefing and Sourcebook on Industrial Ecology" (February 1996) ,3.2.
16. Quoted in Ernest Lowe and John Warren, The Source of Value. An Executive Briefing and Sourcebook on Industrial Ecology (Richland, Wash.: Pacific Northwest Laboratory, 1996) ,3.11.
17. Nicholas Gertler and John Ehrenfeld, "A Down to Earth Approach to Clean Production" *Technology Review*, February-March 1996.
18. Robert Frosch, " Industrial Ecology: A

Philosophical Introduction," *Proceedings of the National Academy of Sciences* 89, no. 3 (1992).

19. The systematic tracing of materials and energy flows from extraction of materials from the earth through industrial and consumer systems to the final disposal of wastes was named "industrial metabolism" by Robert Ayres, its founder. See, for example, Robert Ayres, "Industrial Metabolism," in Technology and Environment, ed. Jesse H. Ausubul and Hedy E. Sladovich (Washington, D.C.: National Academy Press, 1989).
20. Valerie Thomas and Thomas Spiro, "Emissions and Exposure to Metals: Cadmium and Lead," *Industrial Ecology and Global Change*, ed. Robert Socolow et al. (Cambridge: Cambridge University Press, 1994).
21. The most frequently referred to source on this is World Commission on Environment and Development, *Our Common Future* (Oxford and New York: Oxford University Press, 1987).
22. President's Council on Sustainable Development (PCS D), *Sustainable America: A New Consensus for the Future* (Washington, D.C., February 1996).
23. Graedel and Allenby, *Industrial Ecology*.
24. Robert White, preface to Allenby and Richards, *Greening*.
25. Robert Socolow and Valerie Thomas, "The Industrial Ecology of Lead and Electric Vchicles," *Journal of Industrial Ecology* /, no.1 (1997).
26. Robert Ayres, William Schlesinger, and Robert

Socolow, "Human Impacts on the Carbon and Nitrogen Cycles," in Socolow et al., *Industrial Ecology and Global Change*, 121-55.

27. Robert Socolow, "Six Perspectives from Industrial Ecology," in Socolow et al., *Industrial Ecology and Global Change*, 3-16.
28. John Schall, "Does the Solid Waste Management Hierarchy Make Sense?" Program on Solid Waste Policy Working Paper no.1 (New Haven: Yale University Program on Solid Waste Policy, 1992).
29. David Rejeski, "Clean Production and the Post Command-and-Control Paradigm," in *Environmental Management Systems and Cleaner Production* (forth-coming).
30. Charles Lindblom, "The Science of 'Muddling Through,'" *Public Administration Review* 19 (1959): 79.
31. See NEPI, Reinventing EPA and Environmental Policy Working Group, the Unified Statute Sector, "Integrating Environmental Policy: A Blueprint for 21st Century Environmentalism" (Washington, D.C.: NEPI, 1996).
32. Socolow, "Six Perspectives," 12-13.
33. See, for example, Frederick Anderson, "From Voluntary to Regulatory Pollution Prevention," in Allenby and Richards, *Greening*, 98-107. Anderson concludes that the regulated community should limit implementation of programs not required by regulation-irrespective of their salutary effect on the environment— to situations where the programs can be justified solely on economic grounds, and that they should

carefully weigh those benefits against the likelihood that they will generate regulatory experience that enables rapid deployment of a second and unprecedentedly "intrusive regulatory system" for pollution prevention which will simply be cobbled together with the existing system.

34. Prof. Tim W. Clark, Yale University, personal communication, 1997. See also Ronald D. Brunner and Tim W. Clark, "A Practice-based Approach to Ecosystem Management," *Conservation Biology* 10, no. 5 (October 1996) : 1-12, which describes the need for the building and testing of practices at the level of the ecosystem in a parallel way to the need described here for new practices compatible with industrial ecology. Brunner and Clark (p. 2) explain the need to be evolutionary because "ecosystem contexts are far too diverse, complex, and dynamic for anyone to understand completely, completely objectively, and once and for all."

35. See, for example, Lowe and Warren, "Product Life-Extension and the Service Economy," *Source of Value*, chap. 4.

36. The *Sustainable America* report did stress that site-specific waiver programs would require far more regulator time and effort (and authority and discretion, incidentally) than would normal compliance and enforcement efforts.

第二章　全球化、貿易與互相依賴

Elizabeth Dowdeswell and Steve Charnovitz

對於有關全球化的透析已經變成陳腔濫調了。但是在生態上與經濟上逐漸的國際互相依賴程度卻對下一代的環境政策制定具有重要的後果，特別是它(互相依賴)影響到美國的國內政策以及美國在變動的世界裡，思考如何定位自已。近年來許多政府自願地加入一個具有自由貿易，經濟合作，以及較開放國界的世界。可是相對地，他們並沒有選擇一個整體而開放的生態環境。然而各國在生態環境上是互相依賴的，這對同屬於一個地球的人類在生活上是一個事實，因爲污染並不會因爲國界而停止擴散。例如臭氧層的枯竭，氣候的變化，以及核子意外事件所造成的輻射均帶來全球性的危機。

在這一章，我們探討190個國家共同生活在一起的地球上，管理彼此互相依賴的挑戰。了解國家間對環境挑戰的關聯性，是對達成永續發展非常重要的。以近來對”貿易與環境”的辯論做爲討論的起點，我們認爲多注意全球化的意涵可以改善國家環境政策以及更清楚如何在互相依賴的世界裡仍保有國家主權。我們也要分析全球政策制定對環境努力的協調是如何產生對新制度需求的必要性。

互相依賴的意涵

互相依賴影響了國家所面對的問題及其政策。國家面臨的問題因為互相依賴的矛盾傾向而受到影響---在某些方面國家安全及福利加強了，但同時在其它方面卻擴大了受傷的機率。而且互相依賴可以阻止國家單邊行動而促進了新型式的跨政府合作。貿易擴大了環境挑戰的國際層面---貿易競爭力的壓力可導致不健全的環境政策。但是國際市場的力量也可以對實施健全環境行為的動機，產生正面的影響。

從生態與經濟的關聯性，我們可以更了解經濟政策與環境政策更深層的互動關係[1]。雖然人們已經了解生態與經濟有關聯性，但卻很慢地去了解此二領域在全球問題上，實際是同一個領域。或許了解英語源學上生態與經濟來自相同的根源，可以讓我們避免忘記此二領域的重要關聯，當我們在追求永續發展目標之時。

貿易與環境

貿易與環境的辯論提供一個很好的視窗來觀察政府是如何應付全球化的問題。貿易自由化與環境政策都可以改善人們生活品質而加強社會福利。但此二者的合諧結果並不是自動的。經濟政策制定者必須考慮他們的決策對生態威脅與人

體健康的影響。如果決策者沒有如此做，這將會導致國家貧困而非繁榮。我們已目睹東歐共產國家在開放自由貿易後對生態環境的嚴重威脅。

經濟政策與環境政策可以彼此互相加強。當一個強的經濟體有足夠的資源來投資污染防制與控制時，進步的環境狀況比較容易達到。當貧窮迫使人們做短期利益的決策，優質的環境狀態最難達成。貧窮的人們砍樹來取火，他們不會考慮他們的行爲會導致土壤腐蝕與其它長期的環境問題。

有些環境學家反對更自由的貿易因爲他們害怕經濟成長會導致增加的生產與消費而製造污染與增加對自然資源的壓力。相對地，提倡經濟發展的人們相信降低貧窮的優先性，而忽略或漠視環境問題在他們對擴大出口的追求上。我們需要一些可以同時追求健全環境管理以及眞正經濟發展的政策。

自1962年以來，三個主要回合的多邊談判已導致更自由的貿易政策。這些開放與擴張的市場，整體來講提供大量的經濟利益給消費者。但是直到1990年初，經濟自由化的環境影響的問題才浮出抬面。不管是關貿總協(*GATT*)或是它的接替者世界貿易組織(*WTO*)都沒有很大的進展去將環境考量整合於貿易的討論範圍。然而現在最具體的進步是人們已認清貿易與環境有關聯性。例如在1986-1994烏拉圭回合貿易談判，有些國家對於預期的環境影響，首次開始進行研究。國家開始了解最佳的貿易政策無法制定如果不把環境影響因素考慮進去而且反之亦然。

貿易與環境的辯論同時也指出一個危險，也就是環境的政策可以被操弄而達到貿易保護的目的。對消費品的包裝或報紙印刷要求一定份量的可回收材質是代表健全的環境政策。其它像此類的規定變成貿易障礙而被刻意地使用來使其它有競爭力的國家處於劣勢。國際間雖然並沒有對環境規定被假裝成爲貿易保護主義的藉口的頻率有共識;但有廣大的贊同認爲環境可以受到妥善的管理，如果國際貿易政策不是獨厚國內製造商。就如同貿易政策應該消滅那些以犧牲他國來得到自已國家利益的貿易行爲，環境政策制定方向也應如此。

一個主要環境政策的層面注重在成本移轉(*cost shifting*)的問題-正如經濟學家所稱的污染外部化(*externalization*)或是免費搭乘(*free riding*)。例如當A國家的空氣污染擴散到B國家，A國家就把清除空氣污染的成本移轉給B國家。貿易與環境的辯論幫助了國際體制在制定環境政策時去討論如何處理政府成本移轉與免費搭乘的問題。事實上這些憂慮變成最近北美自由貿易協定(*NAFTA*)一個重要的辯論議題;環境學者害怕墨西哥鬆散的環境規範執行會吸引新的工廠而產生更大的超越國界的污染。世界貿易組織的其中一大利器就是它有一個有力的爭端解決機制，使得受傷的一方可以抱怨成本移轉與免費搭乘的事件。對國際政策制定者來說，去發展類似爭端解決機制來控制國家間環境政策的問題，是一個重要的挑戰。

國際投資與環境

從研究貿易與環境所得到的一個主要學習就是經濟政策與環境政策的制定必須同時取得協調。這個學習同時適用於環境保護與資金流動彼此間的關聯性。在過去15年裡，人們對於經濟發展開發會對環境產生衝擊的認知已持續上升。過去興建水庫只被認爲是工業或能源事務，現在卻也被視爲環境問題。

現今對於經濟開發案，私有部門的資金流動是遠大於公有資金例如世界銀行的借貸或國外援助。這種情況指出一個論點：處理全球化所衍生的問題，其責任並不僅限於國際公共部門。除了對生產與利潤具有效應，資金流動對環境也會有影響；這代表者資金流動具有重大的機會去促進永續發展。從社會的角度來看，政府的政策架構是需要去幫助投資者、銀行家、保險業者在做投資決策時能將健全的環境因素同時納入考量。

公有部門資金借貸的增強角色，已經被賦予新的期待去算出如何將國際私有資金導入一些環境基礎工程建設案，以及確定所有新建工廠，道路，與其他私人投資都能將適當的環境保護措施涵蓋進去。隨著國外援助與多邊發展銀行貸款的重要性日益降低，將環境規範放入國際經濟協定與政策的機會不應該被輕忽。如同多邊投資協定(*MAI*)已經被經濟合作開發組織(*OECD*)的國家督促去幫助將適當的環保措拖涵蓋在國外投資上。

改善國家政策

在全球經濟中，採取有效率國家政策的壓力上升。由於國際競爭，政府的行動可變成重要的因素決定是否一個國內的公司會比其國外競爭者更賺錢。例如，稅務政策影響了國家存款利率以及投資資金的多寡。管制條例政策同樣地影響了生產成本或是科技政策影響了創新的比例。

在設計政府政策之時，試圖去駕馭競爭與合作這兩股力量是非常重要的。合作的利益或許是明顯的。例如努力去處理臭氧層耗盡，遞減的漁量或其它跨國界的環境問題都需要國際合作。但是環境的進步也可以建立在競爭的基礎上來達到既定的政策結果。例如借由混合使用污染稅和減少排放獎勵金，政府可以使用市場力量以最低的社會成本來達到污染的減少。

有些環境政策途徑混合了合作與競爭。國際標準組織(ISO)14000設定了規範要求公司主動發展環境管理系統來通過認證。另一個自願性專案，歐洲議會的生態管理與監察計劃（*EMAS*）已從1995年開始運作。*EMAS*這個計劃比ISO 14000更嚴格，它要求公司建立並標準化環境管理回報系統，並且將公司的環境管理表現仔細地公諸於大衆。*EMAS*的目標是去提倡持續性的環境表現改善。*EMAS*與ISO 14000具備有很大的長期潛力而且也將會被其它專案計劃所仿效。完成*EMAS*與ISO 14000的標準的公司，展現出它們對環境友善的好意。生態認證標籤（*eco-labeling*）是另一個例子來呈現合作和競爭互動後的豐碩成果。藉由突顯他們的環境道德

給消費者了解，生產者尋求獲得生態認證標籤的資格標準，以作爲他們擴大銷售量的途徑。ISO 14000、*EMAS*、*eco-labeling*已經變成測量企業環境表現的基準點。

因爲所有國家面對許多相同的環境問題，因此國際合作是非常重要的。政府之間可以互相學習那些環境政策可以奏效。有很多時候，政策制定者並不知道其它國家成功的環境管理方法。經濟合作發展組織（*OECD*）在1961年被成立去幫助國家互相學習彼此最佳處理（*best practice*）的政策途徑。*OECD*對處理化學廢棄物有用的建議方法，例如污染者付費原則以及經濟動機的重要角色，展現出國家彼此間如果採取一致的解決途徑對付環境問題，是對大家都有助益的[2]。

雖然今日的全球經濟提供史無前例的機會給投資與貿易，但對於開發中國家而言，從現在的處境跳躍到與已開發國家公平參與競爭是很困難的。開放一個先前是封閉的經濟體於競爭之中，會迫使社會變遷，而創造出一些贏家以及輸家。處理贏家與輸家彼此間的緊張關係是政府應該扮演卻被忽略的角色。全球化政策應該注意到政府如何幫助勞工與社區平順地渡過可能衝擊[3]。

儘管大家都認知過去二十多年來，國家間的相互依賴持續地增加，但是國家政策仍然經常以國內爲導向，而漠視對國外的衝擊以及來自國外的影響。國家間缺乏協調就是國家狹礙主義（*parochialism*）的一種展現。例如在許多國家，財政部長與環境部長，或是貿易部長與自然資源部長只有很少的互動溝通。其結果是財政部官員只汲汲於追求達到更高的國內總產值以及外匯收入等等狹窄的目標。往往木材公司被鼓勵去擴大砍伐，而卻給予其行為對於整體森林與該區域原住民的影響，很少的考量。雖然1992年在巴西里約的地球高峰會裡，有些人開始討論貿易對生態影響的問題，但是整合政府間的決策的進一步發展一直都很緩慢。

國家政策制定、私人利益與主權

有些政客與利益團體控訴，更強的國際規範將會導致國家主權的喪失。他們的言談之間彷彿主權是不可讓渡而純粹是好的財貨。但是現今沒有國家可以單獨行動來完成其目標;國際合作是被需要的以便去維持世界和平，衍先貿易，維持貨幣交換率，控制疾病，保存臭氧層，保護鯨魚，以及去做其他大眾期待政府應做的事務。如果主權只意謂著國家可以無視他國而去選擇政策，那麼當然每一個國家有權行使他的主權，即使其行動是不負責任的。但是如果主權被擴大而定義為具備完成公眾所喜愛的目標之能力，那麼政府就必須發展一套機制來處理全球相互依賴的問題[4]。

在國際條約中的互相承諾，可以使各個參與國都更好。如果一個國家抵抗限制國家決策的國際合約，那麼該國家便不能要求其他國家遵守一些有利於保護該國自已本身的權益之國際合約。簡言之，國家主權並不會因為國際協定而喪失。反而這些國際協定可以幫助國家保護他們自已的人民。這一點是非常成功地被國際正義永久法庭（*The Permanent*

Court of International Justice）所指出："本庭拒絕看到任何國際條約的結論具備要求國家放棄行使其主權的內容，國家進入國際約定的權利是國家主權的一項特徵"[5]。

當然，主權作爲政策目標有其正當地位。面對不同環境狀況以及不同經濟發展的階段，我們不應該期待國家間會有一致的經濟與環境政策。但是我們反對一些政策去使用主權一詞來作爲保護一些既得利益而犧牲去追求共同利益的集體行動。

往前看，我們或許會看到趨使國際政策一致的擴大努力，藉由諮商性機制以及協定的安排。在歐盟的持續進展中，例如環境政策的加強以及標準的調和，都爲區域合作的其它計劃指出一條路。當私有部門都遵守大家都同意的環境標準，這將促使國際政策趨於一致。

但是建立國際合約與規範只是一步而已。簽定的國際合約必須在國內被實際執行。有些時候，即使國家在國際談判時扮演領導地位，他們可能要花很久的時間去簽署談判後的條約，而甚至要花更久的時間才可以將國際義務轉換成國內法律。例如對於有害廢棄物的巴塞爾公約以及保存生物多樣性的公約都尚未在每一簽署國裡被有效執行。

在70年代，美國就已經體認到簽署貿易協定到實際執行，所必須經歷的冗長困難的步驟與過程。爲應付此種情況，貿易官員設計出快軌同意機制（*fast-track approval mechanism*）：去執行貿易協定的聯邦立法，可在嚴格的時限下，自動獲得國會的投票決議，而且國會不可提出修正案。而如果快軌同意機制可以使用於多邊貿易協定，或許此機制也可以使用於多邊環境協定。

國際組織的挑戰

許多評論家都聲援對國際環境治理的革新。他們指出對魚類耗盡，化學物的使用以及氣候變化等問題的不足夠反應，作爲証據而要求成立有力的國際組織來處理這些問題。他們也注意到了跨環境條約之間相互協調的困難度。另一個現在焦點的領域是聯合國環境保護（*UNEP*）的規模。一些觀察家想看到*UNEP*被強化，但是最近的趨勢卻是*UNEP*的預算降低。

儘管受到預算不足的限制，*UNEP*在一些領域做了很重要的全球環境貢獻。*UNEP*促使科學家們聚在一起去對區域與全球環境問題做獨立的評估。*UNEP*促成了一些重要的國際環境談判，例如臭氧層的蒙特婁公約，對跨國界有毒廢棄物運送到管制的巴塞爾公約，對氣候變遷的架構公約，以及針對生物多樣性的公約。*UNEP*收集相關資料給各國的環境部門使用，例如透過全球資源訊息資料庫（*Global Resource Information data base*）。*UNEP*促進國際法律的成長。UNEP也發展一套模範立法來規範如何安全使用化學物品，以及促成了全球行動綱領（*Global Plan of Action*）來處理以陸地爲來源的海洋污染。

一個被強化的環境體制（*regime*）---那就是，一個許多條約，制度，以及實踐經驗的集合---將可以產生許多利益。這樣的體制可以幫助國家採用更有效率的環境政策，就如同國際貿易體系可以幫助國家採用更有效率的貿易政策。另一個需求是必須把注意力放在工業國家可以獲得，來自開

發中國家所提供之服務的利益。來自開發中國家的最重要服務可能是森林，因為森林可以改善溫室效應而降低氣候變化，而且森林本身也可作為天然的居定來支持生物多樣性。有系統地解釋這些利益讓工業國家了解，可以幫助將開發中國家整合於全球經濟之中。

一些觀察家已經提議來建立一個新的全球環境組織（*GEO*）去協調對全球問題的反應，促使對共同問題的意見交換，以及去降低會導致次佳的環境政策的貿易競爭壓力[6]。但是任何像*GEO*的遠景，在此刻來說仍然遙遠。因此強化既存的國際體制或許是現有的最佳途徑。

許多改革方案已經被提出討論。首先，基於長期與企業團體以及非政府組織（*NGOS*）互動，*UNEP*可以變成一個更有效的反制力量來針對*WTO*商業為主的焦點。第二，國際環境投資的長期資金來源機制應該被確認出來，這包括一些創新形式的財源像是開徵全球污染稅。第三，一個新的結構制度可以被建立來處理環境爭端問題[7]。

*WTO*的貿易暨環境委員會代表另一個改善環境的潛在機會[8]。目前這個委員會尚未選擇提倡新的貿易自由化來支持改善環境目標。來自開發中國家的主要提議，是希望把注意力多放在限制政府去補償自然資源開發工業，但這些努力進展有限。此外，貿易體制對於加強使用環境標準所應扮演的角色，本質上並沒有獲得委員會的關注。

在國際組織之間的協調問題並不僅限於*WTO*。雖然一些特殊的國際組織被認為有效，但是它們通常缺乏處理不同問題間關聯性的能力，以及欠缺與其它國際組織發展互動關係的動機。在1992年里約會議（*Rio Conference*）後各國所提出的議題（*Agenda 21*），協調的必要性早已被確認，但是進展仍然緩慢。

特別是，國際組織做太少的努力去將經濟與發展考量併入國際環境政策的制定過程之中。但是仍有一些模式可以彷效。蒙特婁公約---臭氧層保護方案---規定分階段去除*CFCS*以及其它會耗盡臭氧層的化學物，此公約促使政府以補償方式來降低遵守環境保護規定的成本。蒙特婁公約也根據工業國家與開發中國家設定了不同的時間表來完成既定目標，而且提供資金與技術上的協助給予開發中國家，以便使他們可以履行國際責任[10]。這些規定使得此公約更容易被所有國家所接受，因此也較可能達到目標且持久。

我們需要建立在上述途徑的基礎上，來協助制定未來的條約。創新的觀念與方法極需在一些領域被強調例如資金動機，多層次的義務，分階段時間表，技術移轉，經濟工具的使用，以及財產權的分配與市場化。更多的政策研究放在對這些機制的設計與評估上，會幫助政策制定者鼓勵更多的國家加入成為會員而阻擋免費搭車的行為。

另一個應該受到更多重視的制度化策略是利用區域性協定。例如歐洲會議（*European Commission*），東南亞國協（*ASEAN*），以及南美共同市場（*Mercosur*）都正在改善他們的環境方案。北美自由貿易協定的環境規章已經產生一個委員會來督促美加墨的環境合作。從這個委員會起初的成果例如資訊的收集、調查、以及教育功能，整個來看的確是好的開始[11]。

對環境學家而言，區域經濟整合的快速擴張提供了一個新的機會。就如同區域貿易協定被用來調和在多邊談判中政

治上不可行的貿易投資政策，這些區域協定也可以同時被用來試行環境合作以及標準一致化的方案。

最後，非政府組織在國際發展的過程中所扮演的角色需要被擴大。在國內部分，非政府組織可以幫助人民去思考他們對永續消費實做的責任。在國際方面，非政府組織可以帶給國際治理單位及其治理者，一些訊息與觀念。在環境體制下的*UNEP*與其他組織是其中最開放給非政府組織參與的單位。這種開放的經驗可以作爲其他傳統上只有政府參與的國際組織之模範。

雖然全球經濟變遷的速度非常快速，但是國際組織對此現象的反應卻是很慢。儘管人們對環境與經濟相互依賴的認知持續上升，但是國家以及國際治理還尙未提升去處理這個新事實。一般大衆需要被說服，國際多邊合作的解決方案是符合他們的國家利益。企業領導者也需要了解環境相互依賴的新事實，並且去支持對跨國界與全球的問題所做的努力。在面對處理相互依賴的事實之時，那些承諾維護主權提倡減少國際參與的意見領袖，其言論應該被挑戰。

在全球的層次上，國際組織單位不可以不思考不同問題間的關聯性－國際組織間的相互關係以及由很多種不同非政府組織所構成且持續擴張的全球公民社會。所有的國際組織都必須去關注海洋、河流、湖泊、大氣層、居住地、以及生物多樣性等等維持地球上生命的事物。

總結來說，永續發展的論述需要廣泛地去整合環境、社會、以及經濟目標。政府必須準備好提出改革方案來應付新的經濟相互依賴現實而且修正過去國際政策的失誤。以針對建立一個共識來執行這些改革來說，美國的帶頭領導作用是非常重要的。政府介入的規模應該符合問題的範圍---這可能是地方、國家、區域、或全球。美國應該持續與其他國家合作去找出更好的方法來管理相互依賴所衍生的種種問題，這對美國本身及全世界的繁榮都是非常重要。

------註釋------

1. See Donald Worster, *Nature's Economy: A History of Ecological Ideas* (Cambridge: Cambridge University Press, 1985), 36-38, 191-93 (discussing the etymology of *ecology* and *economy*).
2. Organization for Economic Cooperation and Development, OECD *and the Environment* (Paris: OECD, 1986); OECE, *Integrating Environment and Economy* (Paris: OECD, 1996).
3. See Dani Rodrik, *Has Globalization Gone Too Far*? (Washington, D.G.: Institute for international Economics, 1997).
4. See Abram Chayes and Antonia Handler-Chayes, *The New Sovereignty* (Cambridge: Harvard University press, 1995).
5. The S.S. *Wimbledon* [1923] P.G.I.J., ser. A, no. 1, p.25.

6. See Daniel C. Esty, *Greening the GATT* (Washington, D.C.: Institute for international Economics, 1994), esp. chap. 4.
7. See, for example, the *Report of the Foreign Policy Project*, a joint undertaking of the Overseas Development Council and the Harry Stimson Center (1997).
8. *The World Trade Organization: An Indeplendent Assessment* (Winnipeg: International Institute forSustainable Development, 1996).
9. United Nations Conference of Environment and Development, *Agenda 21* (Washington, D.C., 1992).
10. Duncan Brack, *International Trade and the Montreal Protocol* (London: Royal Institute for International Affairs, 1996).
11. North American Commission for Environmental Cooperation, 1995 *Annual Report* (montreal, 1996).

第三章　重整以服務業為基礎的經濟體

Bruce Guile and Jared Cohon

對於我們當中的大部分人而言，工廠釋放出煙霧到空氣中，沉澱物被排放到溪流，垃圾場散佈著垃圾等工業的黑暗面，代表著在現在世界中所受到的環境衝擊。雖然如此的景象能夠強力的促使政府與民間展開行動，但是將環境政策與計畫集中在工廠與採礦工業，已經無法滿足我們國家環境問題的描述。

製造、採礦、農業三種生產活動，通常與環境的危害有所關聯，它們現在僅佔美國不到四分之一的國內生產總值。服務業(從餐廳、商店，到醫院、航空公司等)佔這個國家超過四分之三的經濟活動與僱用超過百分之八十的員工[1]。任何社會的環境問題，直接地與它的經濟活動—也就是生產方法、消費型態、經濟組織的形式等的類型與結構有關。想要改變生產與消費的型態，必須同時改變環境政策。特別是決策者，必須認同服務業爲核心的經濟活動，並且將它視爲下一世代環境分析與計畫的重要焦點。

服務業比起製造、採礦與農業，並不特別有環境問題。但是在一個以服務業佔主要地位的經濟體內，想要找尋停止環境衰退與提昇環境品質的機會，直接檢視它們是非常重要的[2]。

思考服務業與環境

依據社會的功能來區分，服務業可分成若干部分：

- 金融、保險與不動產，佔1992年國內生產總值(*GDP*)的百分之十八
- 批發與零售業，佔百分之十七
- 運輸、通訊與公共事業，佔百分之十
- 健康照護，佔百分之六
- 商業與法律服務，佔百分之五
- 政府行政部門，佔百分之十二[3]

服務業對環境的影響，與經濟體的組成成分一樣是多樣的。以下四個例子，說明了它的多樣性。

美國最大宗的一般貨品折扣連鎖公司，例如：*Wal-Mark*、*K-Mark*與*Targent*，它們在這個國家每十元的零售交易中，約佔超過一元的比例。這些龐大的零售商爲顧客確定了所做的環境選擇。零售商視販售產品的環境特性，來決定本身的空間、地點、展示與所提供的資料。經過他們的選擇，他們控制了我們的選擇範圍，並且確立他們儲存貨物中，外顯與內含的環境標準。他們對製造商也有極大的力量。這些零售商，他們的購買力使得供應商明顯地關心他們對於環境影響的觀點。他們購買的選擇，有效地決定了環保產品的成功是否。同樣的，他們對於產品的設計與製造過程的環境特性，有顯著的影響。

從塑膠玩具到運動鞋，以及從洗碗機到汽車，消費者所

付出的最終價格，會遠高於直接生產的成本。我們不定期會購買的光碟，說明了服務業相對於製造業，在經濟與環境上處於支配地位的程度。在我們付出十五元美金購買光碟的價格中，大約僅有一元二角美金被用來支付生產勞工的報酬與加工材料的成本；剩下的部分是爲了支付稅賦(政府行政部門所需)，以及開發、設計、運輸、行銷與發售所需，每一個運作過程都會對環境造成嚴重的影響。

無所不在的麥當勞(*McDonald*)，說明了食品服務與運送業對環境的廣泛影響。麥當勞每天使用兩百萬磅的馬鈴薯，與一輛輛以貨車計數的肉類、小圓麵包，以及每年三千四百噸的芝麻籽，來供應每天兩千兩百萬份餐點之所需[4]。麥當勞對於食物來源、品質控制、餐廳運送與廢棄物處理等生產過程，都是複雜且要求嚴格的。這家公司將未經處理的農產品，加上相當多的附加價值。大宗採購給予它權力，來改變馬鈴薯成長與小公牛被屠殺的方式。它在數以千計家餐廳的標準工作時間，也影響到電力與瓦斯的需求。

毫無疑問地，其他能夠對環境造成衝擊的大規模服務業，就是商業不動產開發。在當地政府與資金來源者的協商下，不動產開發在當地與區域的能源使用模式、廢棄物處理與運輸方式的選擇上，扮演一個決定性的角色。辦公大樓、倉庫、大型購物中心、建築物開發、拖車型活動房屋停車場以及旅館的所在位置與特色，大部分都掌握在開發者的手中。以非常直接的觀點來看，創造市區與郊區生活的環境足跡的不動產開發案，通常當地政府僅做少部分的有效控制。

簡單來說，在美國的服務業活動，對環境的重要性是重大、多變且技術複雜的，而且主要是由一組私人與營利爲目的企業決策者所決定。另外，服務業的環境足跡延伸到製造業、農業與其他自然資源工業，因爲所有行業都是由從開採與製造到再利用或棄置的價值鏈（*Value Chain*）所聯結。服務業公司對環境重大影響，可以區分成三個基本類型：對上游的影響力，也就是服務業公司影響它的供應商與其他上游的價值鏈；對下游的影響力，也就是服務業公司影響它的顧客，朝向價值鏈的另一端；以及對環境責任的產品，也就是要求我們去思考，服務業的「產品(*production*)」如何能夠更有效率地被達成。

對上游的影響力

當以百萬計消費者的實際經銷商身份進行採買時，它便能夠對它的供應商發揮極大的影響力。即使只是被動而非主動的地位，企業也能夠爲環境的提昇創造市場。在我們所看到的，如同像麥當勞一樣的零售商，本身就是強大的影響力[5]。屬於服務業公司的玩具商*Toys R Us*，它的銷售利潤高於兩家最大玩具製造商(*Hasbro*與*Mattel*)的總和[6]。航空與運輸服務業，如*United Parcel Service*(*UPS*是設備供應商如*Boeing*)的主要顧客。身爲主要的服務供應商，它們有經濟上的影響力，可以去支配供應商的設計、包裝與產品的運送，甚至有些時候也可以要求選定工廠與倉庫的位置。因此，無論公司是否察覺到這個現象，服務業的環境衝擊極爲遠大。

對下游的影響力

管理良好的服務業公司，一般都與它們的客戶在環境資訊上，做密切的結合。其次，服務業公司通常很快就能夠察覺顧客的喜愛、偏好與區域的購買習慣；換言之，服務業在滿足與創造顧客對商品和服務的喜好上，扮演一個關鍵的角色，這種喜好當然也包含了他們的環境面向。在堪薩斯州(*Kansas*)的羅倫斯(*Lawrence*)有一座以環境為設計背景的*Wal-Mart*商店，流連其中的顧客直接或間接地得知，關於產品與行銷規劃對於環境的影響[7]。*Home Depot*已經開始廣泛地致力於提供顧客綠色產品(*green products*)[8]。迪士尼(*Disney*)電影*Pocahontas*的觀眾為了娛樂前來觀賞，但離開時帶著某種程度的環保訊息。任何提供節省資源的選擇，如在未住宿期間沒有每天更換旅客床單與毛巾的旅館，提昇了顧客在環境議題上的教育。服務業公司也教育了其他服務機構的同業。銀行業者經常以環境責任與建築或土地的結合，來吸引不動產投資人的注意。總而言之，規模及直接與顧客接觸的結合，將使得服務業公司在環境相關的顧客教育上，扮演一個重要的角色。

對環境責任的產品

雖然我們經常將產品這個概念與製造聯想在一起，但是服務仍然必須被「生產(*produced*)」，而且它通常涵蓋有多重步驟的程序。許多服務業公司擁有複雜但缺乏效率的生產活動，這些生產活動使用龐大的能源，並產生大量的廢棄物。速食連鎖提供幾百萬人的餐點，以及單一家運輸公司

(*UPS*)據傳聞掌控了美國每天超過百分之五的國民生產總值。*Kinko*連鎖影印中心擁有每年合計大約兩千萬美元的能源帳單。最大的紙張使用者是服務業的機構。服務業公司在承擔環境責任產品方面的政策與合作方式，對於環境將會有大而直接的衝擊。

雖然我們大概能夠說明服務業機構整體對於環境的影響，但是想要爲不同的成員摘錄環境的機會與最好的政策方式，是非常地困難的。在某種程度上，對這些行業與環境結果的關係，了解工作仍未完成。另外，服務業的範圍與複雜性，不允許歸納出容易且有效的方法。再者，有系統的方式正剛剛開始被環境分析社群，用來描繪受影響之服務業的特性，而該分析與決策間的連結尚未建立[9]。後勤與配送服務業、金融服務業、健康服務業的三個例子，將說明服務業公司關於環境考量的多樣性與複雜性。

後勤與配送：改變製造、批發、零售的架構，以及對環境的衝擊

運籌與配送，也就是在工廠圍牆外搬運與儲存原料、零件與最後成品，它是最快速成長的服務業項目中之一，並且對於環境影響的本質、數量與空間的分布，有深刻的意涵。由於製造過程的不斷變遷，進而助長了運籌與配送的存在。廠內有未經加工原料的存貨、次要配件以及鄰近倉庫堆滿已

經完成而準備送交船運的產品，這種工廠屈指可數。現在這種精品廠可能是在印尼(*Indonesia*)而不是在水牛城(*Buffalo*)，工廠在接收到訂單之後的幾個小時內使用它們，並且儲存很少的成品在工廠內。它未使用的原料儲存在船上、火車上或是貨車上，它的倉庫是*UPS*、聯邦快遞(*Federal Express*)或是美國郵政管理局。事實上，聯邦快遞的創辦人*Fred Smith*曾經寫到：

> 似乎很少人已經注意到配送與運籌的快遞運送，在新興管理實務上的重大經濟意義。在及時化(*just-in-time*)的存貨管理概念，也就是生產原料預先安排於生產過程、需要時才送達，這樣簡單的想法有著極大的意義。當一個經濟體著重在保持存貨的減量時，空中貨物運輸設備與系統將變成「飛行倉庫(*flying warehouses*)」，它是一個容易取得、安全、而且每小時五百英哩的儲存設施，放置一些是某些人明天就要用的物品[10]。

例如，在一個特別忙碌的夜晚，聯邦快遞透過它位於孟菲斯市(*Memphis*)的中心，搬運一百六十萬件包裹。聯邦快遞四百五十多架的貨機與三萬一千輛的汽車所消耗能源的成本，是公司昂貴運作成本中的重要部分，也是本身對環境影響的關鍵決定因素。從生命週期的觀點來看，貨物運輸業的商業與技術決策，代表著原料及能源流向與其新生產架構的關聯中，一個重要的面向。

在1980年代中期和末期，大部分美國公司在全球市場中，競爭的重點是生產開發與製造流程。在最近十年，工廠內的管理注意力分流成銷售與原料管理的新方法，並且對需求改變的預測、估價、反應的新方式，這些新的方式包含「反向」後勤(〝*reverse*〞 *logistics*)、需求鍊管理(*demand-chain management*)、快速反應製造(*quick-response manufacturing*)等。快速形成的後勤與配送系統，是這些新方法的中心。在一些案例中，新而成功的配送與運籌系統的開發，是由製造商先行導入；但在其他領域裡的新一代有力的零售商與運輸服務業者，已經「上溯」(*upstream*)製造，以及原料和貨物的購買。

在1990年代後期到2000年代初期這段時間，藉由後勤與配送聯結的工廠，將迫使美國與全球經濟體的生產與消費架構做完全的改變。那些改變對環境將是徹底的，但是到今天爲止，影響僅有模糊的理解。特別是利用運輸、儲存、原料管理與資訊等技術，無論在何處均可透過配送系統快速的提供貨物與服務，可以將消費者與散佈各處的生產中心結合在一起，快速地提供貨品與服務到幾乎是任何地方。當這些事情發生的時候，產品與服務附加價值的連鎖，將戲劇性地影響環境以及生產和消費的架構。

以配送爲基礎的經濟體，有一個明顯質性上的影響，那就是環境受影響地點的轉移。從美國決策者的觀點來看，當貨物在海外生產並船運到這裡，固定地點的污染來源變成爲流動的來源。假設在不改變製造效率或對環境的作用下，從更寬廣的空間觀點來看，對環境影響的可能會有淨值的增加，這是因爲流動的來源附加到相同的固定來源上。然而，來自製造端因運輸而增加的更多污染，可能藉由節省下游產

品配送端的污染而得以抵銷。

過分強調後勤，可能會導致包裝上潛在較高的環境成本。例如，作者最近從一家辦公室產品的主要供應商那裡訂購了價值六十元美金的商品，包含：一支電話機、兩本便條紙簿、一台電動削鉛筆機及幾種文件夾，貨品在電話訂購的兩天後，以四個大盒子包裝送達。其中一個大盒子是放置電話機，它是外表附有奇異公司(*General Electric, GE*)品牌的盒子；兩本便條紙簿放在一個可以分離的盒子，它的深度足夠放入二十五本便條紙簿，另外兩個額外的大盒子放置在裡面支撐，使盒子內部能夠平衡。這些盒子送達的時候大約有四英呎的高度，拆開包裝後，全部訂購的東西可以輕易地放進最小的盒子裡。

這個事件顯現了幾個問題與觀察。這家公司使用什麼樣的倉管系統或倉庫網路與快遞的信差做結合，能夠以略高於商店內購買的價格，在兩天內提供訂單的需求？最重要的，爲什麼這個系統對於硬紙板的使用與裝運的體積，明顯地如此漫不經心？

我們並不清楚什麼樣的環境政策的法規，最能夠滿足因後勤與配送的改變，所導致許多種類的議題。在最抽象的層級，這個答案十分容易：政策應該設立獎勵或建立規則，以減少長期遍及整個系統的環境衝擊；但在較具體的階段，沒有被答覆或大概無法被解答的問題太多了。爲減少後勤與配送活動所造成的環境影響，多少和什麼種類的法令最爲有效？應該獎勵有利於製造的集中或分散？或是批發活動？或是零售？即使我們有分析能力可以對上述的事項做出判斷，但是我們應該執行什麼樣的獎勵？在許多案例裡，政府部門對道路、機場或其他設施進行投資，因而決定了運輸系統的型式，也提供了改變當地環境影響的路徑。然而，減少當地影響的努力，也幾乎無法確定能夠減小整個運輸系統對環境的明顯衝擊。

最後，環境的決策者大概將被迫成爲設定目標的角色。他們或許能夠評估逐漸形成的系統對環境的衝擊，但是僅有很少的部分，他們可以利用傳統法令所賦予的權力去進行控制。最聰明的做法，或許是讓浪費原料與能源，以及系統所造成其他可以確認對環境有害的部分，它們的成本相當的昂貴。然後，將決定交付給予追求利潤爲目的的企業，來形成減少排放廢水、浪費能源與其他影響的系統。無論如何，控管者要相當小心，這些鼓勵迫使參與者將廢棄物問題、排放或能源消費，轉移到它們的供應商或顧客、其他企業、其他地點或者全部的社會。系統的環境決策方式(或許使用工業生態學的架構，參考第一章)，可以說是去防範這些問題的一個方法。

金融服務業：對下游產生影響的最單純類型

在市場經濟裡，參與者間互相傳遞風險，金融市場是其中關鍵的工具。位於鳳凰城(*Phoenix*)的一家旅館破產後，握有開發者票據的銀行，拒絕在鳳凰城貸款給他的任何商業

不動產，無論它的前景是如何看好。當一家公司發布當季盈餘低於預估值，市場中該公司的股票投資人反應一個新的風險與回收率的集體評估後，它的股價立即重挫。換言之，金融市場爲企業財富的改變做快速地調整，並且成爲快速傳遞評估未來經濟形勢可能性的分享機制。

在環境議題爲公司帶來金融風險或是機會的範圍內，金融市場被期待去反映這樣的考量。因爲本身不負責任的製造工作，而冒著明顯環境義務風險的公司，應該比負責任的公司，付出更多的資本。在廢棄物處理計畫實務上有環境問題的地方政府，應該發行比良好環境實務的地方更高利率的債券。環境進步的公司的市場表現，應該也能夠反映投資者的決策上。

然而，環境議題被視爲重要到足以影響基金的取得或價格的例子，實在非常的稀少。附加在資產與設備的環境義務已經能夠引人注目，足以讓不動產貸方與股票投資人明白的考量。在進行投資前，應有的審核步驟通常包含潛在環境責任的評估，而環境責任是隨著公司與資產一起來的。總括來說，環境成本與機會是不適當的反映在資金市場。

雖然不清楚爲何金融市場無法對環境成本與機會適當的估價，但是似乎與資訊的特色與價值執行，及其在決策時被使用的方式有關。對於公司或其財務提供者來說，承擔環境責任的工作與較佳的金融成績兩者間的關係，通常並不明顯。這個問題的核心在於對大部分的公司而言，不管是內部討論與對外宣稱，都無法將環境的成果視爲是金融成果的重要元素。

大部分公司(以及更少的財務顧問)無法在概念上或經驗

上，去瞭解許多對環境有重大影響的投資案。例如：生態效率的投資案中的金融牽連[11]。環境與金融報導的分離或是缺乏對環境議題的報導，明顯地影響公司內部資料收集的努力。這也意味著環境與金融分析家很少有討論的共同基礎。價格收入比例(*price-earning ratios*)、現金流轉(*cash flow*)、金融領域的語言如通用會計原理(*generally accepted accounting principles*)、稅賦(*tax burden*)等，十分不同於環境領域的語言，如排放(*emissions*)、化學製品(*chemicals*)、動植物棲息地(*habitat*)等環境領域的語言。最後，改變一家公司的環境足跡，將是緩慢、困難與無法估算的過程。金融市場還沒準備好以瞭解與評估當經營改善出現緩慢趨向成熟、不容易管理、無法預估的情況。當長期環境與金融的永續性，與考量當季盈餘所做的短期決策有所衝突時，前述的情形將會特別的眞實。

資訊，是讓金融市場運作朝向提昇環境的明顯關鍵。即使上述被列舉問題的估算與解釋已經被解決，但仍然存在一些嚴重的糾葛。例如，誰擁有環境的資訊？對於那些基金內持有股票的公司的環境資訊，共同基金經理人是否能夠將它們透漏給可能投資的人？這些混亂的衍生是由於現今的投資工具與市場複雜所致，它們都必須被反映在政策上。

一個關鍵的問題，即是否缺乏對環境考量的認同就是金融市場工作的失敗？如果是如此，它是否可以合理化與修正政府作爲？以公司投資的觀點來看，金融與環境兩者間的權衡，僅有少許一致的情形下，發展與強迫使用較全面的評估會有什麼樣的環境利益？假使政府的法令強迫每一家公司，準備並提交一份融入環境與金融的會計帳，什麼是環境品質

中能夠實現的長期收益？並且它們的代價是什麼？

直言不諱的手段，例如藉由超級基金法規來課徵繁重的費用，已經證明金融市場能夠被教育去關心環境的風險。顧客選擇環境友善(*envionmentally friendly*)的產品，將使得製造商的經濟與環境利益並列在一起。推廣環保標籤的使用，或許就是標準化「生態事實(*eco-facts*)」表格的推展，也是有幫助的。無論如何，主導環境行動對金融造成正面與負面影響的政策，大概才是最有用的。藉由財務會計規範委員會(*Financial Accounting Standards Board, FASB*)所制定更改的會計規範，來要求公司對環境責任有更快速與更完整的確認，如此將有助於上述政策的成功。

健康服務業：服務業環境責任產品中的不尋常的挑戰

有關經濟體內的大部分生產和消費行爲的方式，正可成爲思考環境影響的簡單邏輯。在生產面，維持消費者認知的價格，但是減少商品或服務對環境的衝擊，這樣的漸進改變通常是有建設性的。在消費面，當維持消費者認知的價值，而能夠減少原料與能源的浪費，這樣的改變通常也是正面的。然而，因爲健康服務業的特殊性質，有時無法預知的成本分配，醫療服務業與大衆健康間的親密關係，個人與社會描述人類受苦與生活的不同方法，使得這樣簡單的邏輯被混淆了。

絕對沒有比服務業的不同利益更加糾葛的。健康服務業乃是藉由複雜與快速改變的產業來實現，這些產業包含不分大小，合作與競爭，能夠反映消費者對於保險公司，以及衛生部門官員與教育體系需求的生產者。我們的健康照護體系必須給予醫療服務，為無法繳費者提供資助，減輕病痛，壓低成本，同時降低對環境的影響。不過，我們有真正的機會去減少健康服務業所造成的環境負擔。在許多案例裡，現行減低或控制健康照護成本的壓力，完全與減少廢棄物與能源的使用一致。

同時，企業一方面藉由成本控制的努力，另一方面做資訊技術的提昇，這樣的改變引發了新的生產與消費的架構，並且為環境決策者創造了新的機會與挑戰。例如，現在新的電子設備允許病患在家中進行檢驗和監測，而不需要到醫院或診所。同樣地，數位化醫療記錄和電子影像系統，正被利用從醫療院所或專家處傳輸資訊到另外一處，以減少昂貴的儲存空間與紙張和其他原始資源的耗費。

為削減成本並提供較好的病患照顧，健康服務業公司正逐漸強調集合配送網路或系統服務的形成。因此，在什麼地點、如何提供健康照護，以及需要什麼設備的決策，目前正被中央化，並在某個程度上被合理化。這將促進實現較低的成本，但是這個系統方法的結果是形成一個組織，它在為降低健康服務業所引發的環境衝擊的努力上，有更多的修正可能[12]。

在這些改變的脈絡裡，怎麼做可以確保健康照護產業，能夠充分且明智地考量環境的代價與利益？有一些議題與其

他服務業是共通的，例如：旅館、倉庫、辦公室與餐廳[13]。其他反映基本議題的考量，例如：回收與拋棄處理，高壓消毒並重新利用會比僅用可拋棄式的儀器來得好嗎？然而，有些問題對企業而言是獨有的，例如如何去處理生物醫療的廢棄物？這些廢棄物有時候具有放射性，並且通常帶有傳染疾病的風險[14]。

最終，問題比答案還多。傳染性疾病對環境有什麼影響？在評估預防措施與急症治療投資的妥協上，環境分析能夠(或說應該)扮演什麼角色？從不同種類健康服務業所反映的狀況，什麼是最主要的環境衝擊？醫療服務業的環境成本幾乎無法估算與量測，但它在以成本為考量的定量配給，應該扮演重要的角色嗎？

簡單來說，僅以環境本身做考量，並不能驅動健康服務業，而且也不應該如此；但是企業基於成本抑制與技術吸引力的推動，開啓了一扇新的機會的窗。醫療補助計劃、醫療保險計劃、雇主、保險公司、先進的設備、醫療供應者，它們都是幫助促成環境進步的一切機制。會員約有四萬四千個開刀房護士公會(*Association of Operation Room Nurses*)的專業社團組織，它們能夠在教育與環境的推展上盡一份力。

環境政策的挑戰：瞭解服務業對環境的衝擊

從這一章裡，浮現兩個主要的課題。首先，假如環境決策者的注意力僅集中在製造、採礦、農耕等行業上，它們的構思與解決問題的答案將有很大的出入。服務業佔美國經濟的主要地位，它們不僅僅只是作爲連結經濟活動的功能，或只是第三產業，服務業公司已經成爲並持續是環境問題與其解決方式的重要來源，它們對上游供應商和對下游顧客的影響力，已經有可能成爲下一代環境政策的支柱。

其次，服務業的多變性與複雜性，必定會在同樣多變與複雜的環境政策中反映出來。沒有單一環境政策的工具，可以應付與服務業相關的危害或機會。特別當工廠被一連串複雜的生產地點、運輸設備、電腦網際空間所取代時，與命令與控制方式的法令規範相較之下，提供他們鼓勵與資訊可能更爲有效。

環境資訊是關鍵。新的環境會計方法應該納入金融分析與公司的決策中。我們也需要更好的環境指標與資料收集系統。但想要達成目標，將需要應付許多的爭議與問題；但是誰擁有環境資訊以及如何使用在金融市場，是主要的核心問題。

在此必須先提出兩個基本問題，才算完成一切混亂與複雜下的決策構思。首先，什麼事情需要被完成？其次，雖然會面對微不足道的一致意見與貧乏的資訊，我們如何創造爲正面影響提供較佳機會的獎勵、規則與組織？另外，決策是

一個非常費力的企業經營，在大部分的案例裡，決策者們對於正在被處理問題的確切本質無法確定或根本不同意；他們甚至很少能夠確定政策與計劃的可能衝擊。然而，政策實驗與眞正的進展的確出現。但是，在說明服務業有害環境影響的政策上，我們在認知上的巨大分歧可能就淹沒了政策的過程。

爲了支持決策而從事分析的團體，必須滿足並尋找兩類問題的答案。

首先，服務業對環境的衝擊是什麼？其實我們對於企業在環境上的影響所知甚少，例如：無線通訊、食物批發、門診病患看護中心。每一家企業能源使用與原料流向的足跡是什麼？服務業提供不同種類的交付方式，例如：在地區性購物中心購物或藉由郵購，什麼是它們比較的分界線？什麼是執行金融產品、快遞服務、資訊儲存系統生命週期分析的合理方法？如此的議題是否値得政策的高度重視，或者企業對環境的影響只是次要關心的事務？

其次，服務業的環境足跡與企業決策的限制和機會間，兩者是什麼關係？服務業在商業上的決策，如何影響製造、農耕、採礦工業的原料流向與能源使用？服務業公司能夠如何有效地選擇運用對上下游的影響力，而非僅僅考慮經濟上的私利？服務業環境責任的產品是否確實是一項可靠且正確經濟策略，或者只是一項短暫的行銷活動？

我們在服務業機構對環境的看法上僅有很少的資訊，部分的原因是政府部門的監督集中在各種排放，而不是在資源流向，與廢棄物(尤其是有毒廢棄物)最終處理，而不是運輸者。這個狹隘的重點，已經使得環境、工程、管理的團體開始模仿，造成高估服務業的分析複雜程度，而低估他們的影響，整個結果導致主要直接與間接的環境改善功能無人研究。

描述這些議題並不是一件容易的事，但為了讓我們朝向目標前進，找答案是必要的。政府可以幫助加強對於環境工具開發與共同表達方式的獎勵，方式是藉由建立資訊規範、收集與分配有用的數據資料，以及在某些時候強迫公司收集資訊。主導與環境有關的資料、分析與經驗的政策，是改變服務業公司如何看待環境機會與風險的有力媒介。

-----註釋-----

1.In addition to reflecting discussions at a workshop at the Yale School of Forestry and Environmental Studies in February 1995, this paper draws heavily on the work of James Brian Quinn of the Amos Tuck School of Business at Dartmouth and on various projects of the National Academy of Engineering(NAE). In particular, B. Guile and J. B. Quinn, eds., *Technology in services: Policies for Growth, Trade, and employment* (Washington, D.C.: National Academy

Press, 1988); B. Guile and J. B. Quinn, eds., *Managing Innovation: Cases from the Services Industries* (Washington, D.c.: National Academy Press, 1988); and J. b. Quinn, *Intelligent Enterprises* (New York: Free Press, 1992). Also, the participants in two NAE workshops on service companies and the environment-October 1994 in Washington, D.C. and July 1995 in Woods Hole, Mass.-played. a crucial role in developing the arguments in this paper. Errors and omissions and the responsibility of the authors, but the credit for pioneering in this area of investigation must be shared widely.

2.The dominant role of services in the U.S. economy is not a new phenomenon-the number of people employed in service business has exceeded the number of people employed in manufacturing and agriculture combined since about 1950, and service sector employment doubled between 1970 and 1995. However, misperceptions abound. Services are often regarded as secondary industries that are technologicallybackward, employ people only at low wages, and are not captial-intensie. In reality, the technological intensity of service industries is often high (transportation, telecommunications, and health care services, for example); many service industry incomes are often well above average (doctors, lawyers, investment bankers and airline pilots, for example); and substantial amounts of capital can be required (Transportation frams, communications frams, and national retail chains are excellent examples).

3.U.S. Department of Commerce, Economics and Statistics Administration, Bureau of the Census, *Statistical Abstract of the United States* 1995, 115th ed. (Washington, D.C., 1995), 452 and 779.
4.Quinn, *Intelligent Enterprise*.
5.The story of McDonald's conversion from polstyrene to paper-based quiltwap containers is described in S. Svoboda and S.Hart, *McDonald's Environmental strategy*, National Pollution Prevention Center Document 93-3 (Ann Arbor: University of Michigan, 1993).
6.See Meeting Summary of the NAE Wooks Hole Workshop on Technology, Services, and the Environment, Woods Hole, Mass., 1995.
7.See also D. M. DeKeysor and D. A. Eijadi, "Development of the Anderson Ligthouse for the Wal-Mart Environmental Demonstration Store," *Proceedings of the Second International Building Conference*, Special Publication 888 (Gaithesburg; Md.: National Institute of Standards and Technology, 1995), 143-51.
8.See D. J. Lober and M. D. Eisen, "The Greening of Retailing," *Journal of Forestry* 93, no.4 (1995): 38-41.
9.Industrial ecologist Thomas Graedel of Yale University has begun to characterize service business with regard to their life-cycle stages. Personal communication, February 1997.
10.Frederick W. Smith, "Air Cargo Transportation in the Next Economy," in Guile and Quinn, *Technology in Services*.
11.See Stephan Schmidheiny with the Business Council for Sustainable Development, *Changing*

Course: A Global Business Perspective on Development and the Environment (Cambridge: MIT Press, 1992).

12. The authors would like to thand Stephen M. Merz of Yale-New Haven Hospital for these specific examples.
13. This colorful description was offered by Claude Rounds of the Albany Medical Center.
14. A prime example is the Healthcare Resource Recovery Coalition (HRCC). The authors are grateful to Kathy Wagner for information about this industry collaborative effort.

第四章　財產權之權利與義務

Carol M. Rose

環境保護似乎與私人財產相爭！如同世界的其他地方一樣，在美國也經常聽到這樣的說法：環保法令剝奪地主所擁有私人土地的部分甚至全部的價值。我們關心的是加諸某些個人的負擔，他們可能發現計畫開發的土地，被列爲保育濕地或瀕臨絕種動物的棲息地。這些人們主張自己受到不公平的待遇，而獨力承受公共環境保護計畫所需要的代價。

事實上，財產權和環境的有效保護兩者共享一個相同的目標－提昇全體(包含私人與公共)的社會福利。當新認知到的環境危害出現時，經常會與先前存在的所得利益及地主的預期心理發生摩擦衝突。但一般而言，對於物權的保護而不是與環境保護起衝突，是平息那些摩擦非常重要的工具，而且眞正公平、節約和有效的執行現代環境法令計畫。

公有和私有財產權

私有財產權是自由企業體制的本質[1]，假如想要人們(業主)努力提昇資源，則必須合理的保護其所有權；同樣地，對交易而言，所有權合理保護的定義是必要的，因爲交易的雙方必須瞭解對方所擁有的以使交易有意義。這些資本主義的本質－鼓勵工作和交易－是保護財產的重要理由，而且它們在一般物權法律中被廣泛的認可。

雖然財產權必須是合理地有保障，但是它們的內容總是隨著社會和經濟環境的變遷而改變。在傳統法律裡的財產權並不具備符合全部狀況、時間下使用的固定特性，的確它也並不需要、也不可能為財產權立下固定的定義[2]。為什麼財產權隨時間改變？一個主要的理由是建立財產權需要很高的代價，而且此後除非有需要，否則已經沒有實施的意義。歷史上大部分的例子告訴我們，僅僅當資源不足時，人類才重新開始定義財產權，事實上這是一般法律中財產權的典型。舉例來說，在早期西部殖民地的放牧權非常鬆散，但是當較多的移民抵達且有較多的放牧動物時，可能引起使用牧草地的衝突[3]。

這個案例反應著制定財產權的利益和代價，當資源非常充份的時候，無限制開放給大家使用是沒有錯的；但是當使用人數與使用量增加的時候，混亂同時也增加了，並且開放使用的資源可能開始惡化，這種情形時常被稱為「公共牧場的悲劇」（*the tragedy of the commons*），而這個悲劇特別有可能衝擊環境資源，例如：空氣、水以及野生植物。事實上，當個別使用沒有拘束時，將會耗盡所有的資源，這個〝悲劇〞的造成是由於每個人盡其所能持續使用最多的資源，以致於對所有的使用者造成最大的損害。

一個抑制個別使用，以避免在開放資源取得上的混亂與爭吵的方法，是將公有開放的牧場區分成私有財產。私有財產的做法必然有它的優點，它鼓勵人們在本身的控制下小心使用那些資源，換言之，為了維護傳統上所謂的「公有權

(*public rights*)」，一些資源由於本身的規模和複雜性，可能以較大規模甚至公開的管理反而能夠獲利[4]。舉例來說，自羅馬時代以來，水道的使用大致上或多或少已經被爲是公有財產權。

水道的例子說明了財產權另一個非常重要的特徵，那就是在某些資源裡定義私有產權要比在其他方面來得容易。如土地位於固定不變的位置，能夠用看得見的圍欄將其界線明顯的標記，並且很容易鑑別外來的侵犯者。水權的分界線相較之下就很難去區分，野生生物和魚與水資源一樣不能輕易的被分別出爲屬於某一人，但財產化最困難的是空氣。對於空氣、水資源和野生生物在定義與執行私有財產權的困難，並不意味著這些環境資源沒有價值，但如果以共有或公有財產的方式管理，也許會比較容易進行。

當人們取得個別土地的財產權時，他們通常也享受到鄰近的環境資源，也就是說他們在自己私人的土地上附帶地運用共有的資源。舉例來說，地主可能在附近的溪河釣魚或使用空氣去驅散香煙和油煙。這樣的使用情況不成問題，只要空氣、水或其他共有資源相當豐富。當個人擁有財產權時，只要共有資源充足，並不需特別主張或拘泥它的公有權形式。

但是當人口變得更稠密時，對於共有資源的無限制使用就會變成問題，這就是爲什麼倫敦早在十三世紀就對燃燒煤炭有所限制的原因，這也是爲什麼十九世紀早期美國限制在潮間帶區撿取貝類的原因，也因此在十九世紀晚期美國的法律增加認可行動的權利，以反對地主造成不適當的煙害、毒氣、噪音以及水污染。

簡單的說，即使共用資源的長期持續使用並不創造對未來使用的權利，但隨著環境的改變，或是曾經被視爲常態的行爲已經被認爲限制了其他使用相同資源的機會，此時，爲了效率的緣故，公有權將會被重新主張[5]。

徵收的爭論

最近有關環境政策財產權上的爭論，一些人主張憲法中的「徵收條款(*taking clause*)」—當法令減少土地價值時，則需要補償所有權人的損失。雖然有一些主張過度的極端，但是對於所有權人的補助無疑的已形成傳統英美法律的一部份。毫無疑問地，法院和立法機關已經普遍地認可其有義務補償適合公眾使用之保留地的私人所有權人。

根據歷史，一般補償的工作是受到幾項補償原則的支配，最引人注意的是，當大多數的地主分擔對等的法律上之義務，補償費用通常不受考慮，因爲如此的方案可能被比喻成同一屬性的稅負，而非特別挑選出補償與損失不相稱的地主。舉例來說，城鎮裡的所有地主被要求除清自己門前人行道的雪，雖然有些人必須做得比別人多，但是剷雪這個工作大體上是被平均分攤的。當法規上的負擔微不足道，或只是對受到影響的地主暗示性的互惠回報或抵消，這些都是可以免除的不必要補償。

除此之外，當法令只是阻止私有所有權人去從事他們不具資格的一些事情時，則補償也是可以免除的。例如分區限制，可能阻止地主們在住宅區的附近設立工廠，但是它長久

以來被附近的地主視爲妨害行爲的損失。一般來說，私人財產所有權人並不被允許危害到環境資源的公有權，因爲損害上述資源的行爲會被視爲侵犯他人的財產，不管這些「所有人」是如何地分散。舉例來說，在港口或流動的溪流裡傾倒垃圾一直以來就是被禁止的[6]。傳統美國的法律從未視地主有無限制使用鄰近資源(例如：水、空氣及野生動植物)的許可，特別是在某地主的使用對其他人會有嚴重或累積影響的情況[7]。

十九世紀時的立法機關有時候明確地授權工業或開發的活動(例如：工廠和鐵道)，雖然這些活動造成水和空氣的污染，以及野生動植物的損害，但仍然置於妨害行爲的制裁之外。然而，這種如此允許侵害公有權的奇特觀念，在今天仍然是具有教育性，那就是任何對公有權的危害必須是基於對大衆福祉有更大的利益來調整。的確，透過再次流行的「公衆信託(*public trust*)」學說，以及對私有權越來越多的複雜分析，十九世紀後期法院持續注意立法機關的記錄，以確定大衆妨害行爲的授權不是針對擁有特權的個人或企業的利益輸送而已。以紐約爲例，十九世紀時法院漸漸地嚴格檢閱鐵路特許權，以確認附近的居民不會受到不適當的污染、噪音和精神上的危害；美國最高法院引用公衆信託學說，使一項爲私人發展而放棄公有濱水區的立法無效[8]。

但是逐漸增多且經常發生的公有權保護案例，將使法院順從立法機關與檢察官對於法律的評價與判斷。實際上，法院體認到不僅有改變的需要，而且也需要對共有資源做更完善與系統性管理的立法。當來自人口增加與相關污染知識提升的壓力，十九世紀末的法院體會到一個更爲複雜和廣泛的法令，來保護水、空氣及野生動植物[9]。現在我們更意識到人類活動對於共有環境資源的衝擊，但是現代的環保法令是繼承自十三世紀倫敦在燃煤上的禁令，早期美國在阻礙航路上的限制，十九世紀末對於保護魚類與野生動物等家畜義務的公開主張，加上全力保障大衆的健康、安全與福祉而避免過度使用資源的責任卻落在私人財產上。

因此，在美國傳統法律裡的公有權注意到廣泛使用的資源是很有價值的，但是對其私有化的代價也太高了。允許個別的所有人佔用共有的資源將會形成另一個「牧場的悲劇」—浪費，這是傳統的美國法律所沒有做到的。在保護環境資源上，我們的立法機關確實也同時保護了公有與私有的財產權，介於私有與公有財產權間的界線仍然緊張，這在提出徵收主張時特別明顯。

過渡時期與妥協的需要

許多傳統美國法律的觀點是鼓勵私有財產所有人，慷慨大方的允許鄰居和其他人使用它們的土地，例如用以打獵，但是當所有人更強烈地想對土地取得控制時，使地主能夠改變主意的交換條件，就是那些使用土地的鄰居將永久無法取得繼續使用的權力[10]。相同的想法適用在私人使用的公衆資源。以1915年*Hadacheck v. Sebastian*（*239 U.S. 394*)個案為例說明：私有磚廠可能散發出煙霧，只要附近有人居住主管當局能夠使工廠停止使用；但當該地更多人居住，以及當大

衆實際受到噪音和空氣污染更大的威脅時，即是眞正的私人侵犯到公有權。

在十九世紀美國的法律有很多類似這樣的案例。因此，在美國傳統的徵收法律中，即使一個私有地主已經揹負公有資源(例如：空氣或水)的使用權利，但實際上並不未取得永久所有權。也就是說，以往公有資源的私用將不必然地阻礙到未來保護公有資源的立法。有時法院確實贊成立法，以有效地去除以前存在的使用方法，如同在*Hadacheck*的案例一般。

從務實的觀點來看，如此的嚴苛限制通常不是好的作法，因為有很多重要的原因，使我們在調整既有的使用上需要特別的小心。環境問題一個不幸的特徵是它們通常看不見，除非衝過最後關鍵值才會出現[11]。在問題已經大致上被認定之時，私人所有者可能已經無知地深入利用資源土地，也許此時對於鄰近共有資源的損害並不算太大，且私人所有者單純地認為他們能夠無限制地繼續使用公有資源，像是空氣、水或野生動物。如果後來停止如此的使用，將可能導致那些已經投入支出的損失。假如早期如此的使用而未造成多大的危害，或者大衆對於私人行為或土地開發所累積的損害怠於做出反應，現在卻強迫地主們不能繼續這樣的使用，似乎也過於苛刻[12]。

有時在公平的考量下，特別對於那些因法令改變而導致損失的所有人給予免稅，或給予地主們有利的誘因去停止他們進行公有資源的損害，而不是斷然地禁止他們使用。即使只是保存公有資源本身，對於目前以及未來的所有使用者都可能成為案例進行討論，以限制任何私有權進一步對公有權

侵害。

對於平衡過渡時期的這類問題，它恰好是徵收法律的領域，也就是說，由於先前寬鬆的法令制度下已經成爲私人財產的公有資源，保護它們的方法轉變爲更嚴格但卻是合法的方式。這樣的爭議並不是在於先前縱容的制度不公平地放棄公有資源分配，因爲早期對於公有資源的壓力較小；也並非新的法令制度不適宜所造成，而是因爲現在資源的使用更強烈所致。這樣的議題應該是一些私人所有者陷在過渡期。

對關注環境問題的人來說，這些過渡期間的問題是否被順利的解決而未遭遇困難，對特定財產的所有人而言，是十分地重要。拋開公平與否的爭論來看，在一個民主國家裡，感到自身權益受損的財產所有人可能發起組織去反對他們的尺度，造成其他環境計畫的停擺。在這樣的觀念下去強力執法，將會產生反效果，除非納入適當的過渡時期的策略[13]。

因爲有這樣的可能性，在保有立法機關保護公有權能力的同時，立法機關和法院必須做到給予財產所有人種種的妥協，以避免對個別財產所有人不公平與非法的負擔。例如，新的立法可能把先前已經存在的使用狀況「祖父化」[14]，不過非常地重要，此項暫時措施要被了解而且有時間限制，以免例外成了新的要求。即使在立法上是爲了合理的保護公有資源，法院仍然可能要求補償擁有「既得權利」或「投資報酬」的私有財產所有人，以避免無辜的財產所有人遭受特別嚴重的損失。

徵收法案代表司法行爲對於所有人期待解決嚴重失衡的保護，基於這個觀念，徵收法案可以減輕這些所有人的沮喪，解除他們對環境法令潛在的忿恨，使民衆放心自己將不

會單獨承擔公有計畫的成本，並且在某些程度上可以避免先前主要基於良善信念下投資的浪費。但就整體而言，徵收法案法一般代表著妥協。妥協的另一面是允許控管主體隨時調整以保護公有權與資源，而不需要過度補償或特准所有者重新調整期望値以適應新的控管體制。

從環境政策的觀點來看，通融財產所有人的期待，通常是以立法的方式處理。緩和新法律制度的過渡期，應該盡力做到以下幾點：

◆逐步淘汰或重新架構沒有生產力的補貼制度，而非限制私人的使用[15]。

◆允許成本較低但是有效的替代方案。

◆避免斷然的禁止，而改爲透過課稅、收費或轉變所得的體系，以分配限制使用權利。

◆逐漸採用新的法令，在指定的過渡期間，允許相對無破壞的「不符合」繼續運作。

◆爲少數所有人或其他代表特別有困難的「不符合」使用，提供部分或暫時的免稅措施。

◆提供專款緩解特別困難的個案。

◆利用行政委員會考量特殊情況，以保證替代方案的執行、有限的免稅或提供協助的要求。

◆爲迅速解決財產所有人的要求以及省去過分的行政費用，應鼓勵不拘形式和快速的爭論解決方法。

◆支持地方或區域性試驗有創造性的手段，藉由適應地方或區域情況的方法以提倡環保，和管理環境變遷。

◆擴大財產所有人的教育活動，不只告知新法令的目的，更要告訴他們能夠遵從的最容易的方法。

◆以自由評論、非政府組織參與決策與更廣泛的民主討論等推廣機制，適時帶引環境問題的出現，讓過渡期間的爭議能在發生前被妥善處理。

以上的許多建議將會伴隨政治上的角力與妥協，即使是形式上的限制或短暫的對污染者通融，但是它們使法規演化並減緩過程中一些人立即失望的挫折感，否則那將可能成爲進步的障礙。這是民主轉變的本質，也是當環保人士爲下一代的健康與和生態保護政策做努力的同時，應當恆記於心的重要觀念。

在財產所有人的部分，也應該抱持以下的重要觀念，那就是財產所有權隨時間而轉變，而且所有人必須按照大家管理公有資源的努力，調整本身的期望。所有人可以期待新的環境制度會小心地加權成本與效益，以及在過渡到新的環境資源管理方式的期間，受到公平的待遇，但是沒有人能夠期待既存財產的使用將永遠維持不變。

環境管理的財產觀念

在財產權過渡期管理之外，使用財產觀念促進環境資源保護上，出現許多令人興奮的可能性。1990年空氣淨化法案，將美國境內二氧化硫大部分施放量的分配有效地私有化，以及建立一套排放容許量的交易計畫，開啓一個極有價

值的財產權實驗[16]。類似的努力現在正持續進行對遍及整個流域的水污染控制[17]。如此有限可買賣的排放權將擁有傳統私有財產權的優點，那就是它們被限制在一定的項目，允許一系列個人選擇的組合，而且鼓勵節約、計劃未來並注意到他人的權利。任何一個眞正關心環境保護的人必須考慮如此依法建立的似財產權，如何用來保護其它環境資源(參考第七章)。

無論是公有或私有財產權，均爲自由企業體制的本質。對於公私有財產權的保護是很重要，因爲對任何事物必須是平等的自由企業體制，其目標並不能簡化爲只是盡可能增加私有貨品的價值，而是去設法增加公有與私有資源的最大總值。最近許多對於徵收的公開討論，指出私有所有人的威脅來自補償的公有徵收。這些威脅是眞實存在的，公有徵收可能未盡公平地挑出特別的私有所有人爲大衆的受益的付出；顯而易見地，當打擊企業士氣與破壞商業交易時，那就意謂著整個國家的經濟即將蕭條。那是爲什麼我們藉由徵收條款將公共控管的監督憲法化。經濟學家時常指出，補助條件的威脅將使得立法機關適當地警覺，而且使它們較仔細地考量提案的實際成本與利益。

但是當分散的公有資源受到來自於私人附帶使用的壓力，對於處理私有所有人使用失控的情況，代表了立法機構的另一種失敗。因此，即使大量毀滅那些分散和難以轉變成私有財產的資源，且在現在和未來仍然對大衆有很大價值的資源，可能造成國家經濟衰退。

最後，再次呼應一件重要的事情，那就是財產與環境保護有著相同的目的—去增進私有與公有財產兩者的最大總值。兩邊均是我們公共財(*common wealth*)的一部份，並且財產所有權與環保法令應共同努力以促進公共財產。

------註釋------

1.Writings that are still central to our legal and political thought have long recognized this fact-John Locke's *Second Treatise of Government*, William Blackstone's *Commentaries on the Laws of England*, and James Madison's and Alexander Hamilton's *Federalist Papers*.

2.This is a point that is recognized even by such libertarian writers as Richard Epstein; See Richard Epstein, "Private and Common Property," *Property Rights* (1994): 17,41.

3.See T.Anderson and P.J Hill, "The Evolution of Property Rights: A Study of the American West," *Journal of Law and Economics* 18 (1975): 163.

4.The very term *public rights* historicaly reflected the fact the although a resource could not easily be privatized, it was nevertheless valuable to many people and subject to a kind of easement for public use. See Carol M. Rose, "The Comedy of the Commons: Custom, Commerce, and Inherently Public

Property," *University of Chicago Law Review* 53 (1986): 711; H. Scheiber, "Public Rights and the Rule of Law in American Legal History," *California Law Review* 72 (1984): 271.

5.A careful look at nuisance cases, for example, reveals not a set of fixed substantive doctrines on what is and what is not a nuisance but rather a quite dynamic body of law, responding and permitting legislatures to respond when either private rights or the rights of the public came under threat.

6.*People V. Gold Run Ditch & Mining Co.*, 4 P. 1152, 1156, 1158-59 (Cal. 1884); *Rivers & Harbors Act of* 1899, ch. 425, sec. 14 (codified at 33 U.S.C. sec. 407 [1988]).

7.For example, in an effort to protect both private and public fishing rights, Massachusetts required nineteenth-century milldam owners to install rudimentary fish ladders in and unfortunately unsucessful attempt to pressrve Atlanic salmon runs (see Theodors Steinberg, *Nature Incorporated: Industrialization and the Waters of New England* [Cambridge and New York: Cambridge University Press, 1991]). Other legislation limited private owners' ability to create noise, smoke, and odors that inconveenienced the surrounding community.

8.For New York, see Louise A. Halper, "Nuisance, Courts and Markets in the New York Court of Appeals, 1850-1915," *Albany Law Review* 54 (1990): 301, 334-37; for the U.S. Supreme Court, see *Illinois Central* R.R. *V. Illinois*, 146 U.S. 387, 452-54 (1982).

9.For example, Chicago and Cincinnati passed smoke ordinances in 1881; see J. Laitos, "Legal Institutions and Pollution," *Natural Resources Journal* 15 (1975): 423; for the development of fish and game commissions in the later nineteenth century, see J. A. Tober. *Who Owns the Wildife? The Political Economy of Conservation in Nineteenth-Century America* (Westport, conn.: Greenwood, 1981), 179-254.

10.See, e.g., *Pearsall v. Post*, 20 Wend. 111, 135 (N.Y. Sup. Ct. 1838).

11.Information about environmental problems is itself a kind of "comons"-we ignore the effects of overfishing or of pouring wastes into rivers, for example, because we expect that if there is a problem, omeone else will figure it out. If everyone thinks this, no one pays particular attention. See Carol M. Rose, "Environmental Lessons," *Loyola Los Angeles Law Review* 27 (1994): 1023, 1025, 1028.

12.In economic terms, the marginal costs of early uses may have been low-unlike the marginal costs of later entrants' added uses.

13.Unfortunately, many of the recent legislative proposals to relieve "takings" would make regulatory change more complex rather than easing transitions. Many add administrative hurdles to legislation, particularly to environmental legislation, or they attach a takings label to almost any drop in private land value, with the result that a vast rang of regustring regulatory protections of public

rights far more than was the case in traditional American law, and far more than is compatible with the normal character of property rights. See generally Zygmunt Plater, "Environmental Law as a Mirror of the Future," *Boston College Environmental Affairs Law Review* 23 (1996): 733.

14. For example, zoning ordinances typicaly exempt preexisting nonconforming uses, at least for some reasonable period of time.

15. See Ford Runge's call for agricultural subsidies to be converted to environmental performance payments in chap. 13.

16. The Clean Air Act itself, however, carefully provides that tradable emission rights are not technically "property rights."

17. Some water pollution reduction and trading schemes are described in William E. Taylor and Mark Gerath, "The Watershed Protection Apporach: Is the Promise about to Be Realized?" *Natural Resources and Environment*, Fall 1996: 16.

第五章 土地使用—被遺忘的議程

John Turner and Jason Rylander

看看從波士頓到巴頓魯治(*Baton Rouge*，路易斯安那州首府)的美國，地形與社區已經發生重大的改變。經驗豐富的遊客處在美國任何的商業街中，已經無法直接透過當地的景色而得知目前所在的位置。如叢林般的話亭式零售攤、折扣商店、速食連鎖店和位於擁擠路口卻華而不實的指標，並不能為找尋位置而提供線索，每一個地方似乎都沒有任何的特色。

在乘坐飛機做短途旅行時，往下觀察土地的使用情形可以發現，遠離學校、教堂與商業區且只有車輛可到達的無尾巷，像個巨大的蜘蛛網從衰敗的都市展開。點綴在鄉間的是辦公室停車場與被極大停車場所隔離的工廠；郊區的超大型購物中心與商業區位在州際公路閘道斜坡蜿蜒的出口，汽車一部接著一部緩慢前進。城市與鄉村間的界線模糊不清，綠地殘缺不完整，僅有殘存的自然空間保持完整。

強有力的經濟與人口的影響在美國運作。人口的成長、遷移與破碎、低密度的居住與發展的型態，已經改變了土地的風貌。在略多於一個世代的時間裡，這個國家已經被改觀，因為所有在美國所創造出來的一切事物中，80%是在過去的五十年內所建立的[1]。雖然許多成長是正面的，但現在土地消費習慣的經濟、環境與社會成本逐漸變得很明顯。

在大部分的美國歷史裡，擴張是國家的目的。外來移民受到鼓舞前去最遠的鄉間居住，那裡土地便宜且豐饒多產。在一個如此廣大的國家，資源匱乏的意識花費數代的時間才被確信。但美國現在是一個擁有兩億六千五百萬人口的國家，並且預估到2050年時，人口將再增加目前的數目的一半，已經有很少的地方不受人類開發的影響。

逐漸地，美國發現自己正掙扎於滿足大衆對於開放空間、野生生物、休閒、環境品質、經濟發展、工作、運輸以及居住的需求。雖然無法以民主的方式公平地滿足每一個需求，但是以目前土地使用決策被扭曲與片斷的方式，在二十一世紀時將可預知衝突與危機將會持續的影響環境政策。上述的情形並非必然發生，一個考量現在與未來世代的需要，並深刻瞭解自然生態系統所能承受的能力，且使人們持續成功地發展社會與經濟社群的土地使用的新倫理，必定要發展出來。

土地使用是環境運動中被遺忘的議程。在過去二十五年裡，國家的許多環境法令一次僅滿足一個問題，例如：空氣或水污染、受危害的物種、廢棄物的處理等，並且主要是透過限制個人行爲的禁止性政策來達成上述的目標。雖然它們的成績是顯著的，但如此的政策似乎出現報酬遞減的情形。

下一世代的環境進展，將逐漸依賴如何阻擋現行土地使用型態所產生的環境成本。或許因爲土地使用是一個如此含糊不明的術語，決策者很難緊緊抓住介於土地使用與社群的經濟、環境及社會福利間的關聯。傳統上，環境議題在州與聯邦立法機關裡爭論，而由當地政府與規劃委員會考量土地的使用。而下一世代的環境決策者將需要一個更爲全面性的方法，以考量開發行爲對自然生態的影響，且跨越政黨的藩

離從事政策的整合。這必須建構在土地使用的決策與環境的進展是一體兩面的基本認知上。只要土地使用決策所累積的影響被忽略，則環境政策對於想要達成目的而言，將僅有些許的成就。

過去的型態

在過去兩個世紀的大部分時間裡，美國人成群的到都市中尋求較好的生活。但自從1950年起，人們已經開始逃離市中心，遷移到周圍的快速發展區域，這樣類似甜甜圈般向外遷徙的型態，已經讓市中心逐漸衰退，而市郊逐漸發展。雖然美國的都市化持續使得越來越多的人們居住在大都會或是它們的郊區，但是許多市中心的人口已經崩潰。1950年裡二十五個最大城市裡的十八個，人口已經逐漸萎縮。過去四十年裡，當底特律(*Detroit*)的人口大約減少一半時，巴爾的摩(*Baltimore*)與費城(*Philadelphia*)的市中心的居民已經萎縮超過百分之二十。聖路易(*St.Louis*,前往西部的門戶)曾經擁有八十五萬的人口，現今僅有四十萬。在相同的時間裡，遍及這個國家的所有郊區成長了七千五百萬人口，超過了百分之一百的比例。1990年爲止，美國人居住在郊區的人數已經超越居住在市區與農村的總和[2]。

美國郊區化的結果消費掉非常多的土地。從1970年到1990年期間，克里夫蘭(*Cleveland*)市區的人口萎縮了百分

之八，但是郊區土地的使用增加了三分之一。甚至在一些不再萎縮的城市裡，它們地理的擴張也超過人口的成長。從1970年到1990年期間，洛杉磯(*Los Angeles*)的人口成長了百分之四十五，但是市區的範圍延伸了三倍，現在與康乃迪克(*Connecticut*)的面積大小相同。芝加哥(*Chicago*)的人口成長了百分之四，但是開發的土地範圍超過百分之四十六[3]。

土地使用的型態在許多方面影響著環境。尤其明顯的是開發的壓力已經嚴重影響動植物的棲息地；甚至在被保護的森林與溼地裡，充斥著新的房屋建築且商業發展佈滿整個開放空間，改變水道與表面溼流，以及重新安排道路的景色。土地使用的選擇也影響著空氣品質，例如：在加利福尼亞(*California*)州人口無限制的擴展下，在外圍郊區化的結果，車輛行駛里程於過去二十年間已經增加超過百分之二百，惡化了當地衆所週知的煙霧問題。當人們往外散居土地上時，大衆捷運—在高度人口密度中唯一可行的方式，變得越來越不可行。

每年美國增加二百二十萬的人口，相當於一個巴黎(*Paris*)的人數。如果目前的情況持續下去，這些人們當中的百分之八十將會工作並定居在城市的邊緣及市郊。每個單一家庭的獨棟住宅需要公共服務、學校、購物區以及擴展進入鄉間與開放空間的道路。當越來越多的人，特別是退休的人們，遷移到沿岸、南方以及西半部山間的區域時，人口成長的挑戰將會特別嚴重。資訊科技使得從事遠地的工作更爲可行，甚至更多的人們現在已經可以在家中工作，他們也遷往能夠提供美麗的自然景色與個人隱私的地方。在缺乏廣泛規劃以滿足人口趨勢下，爆炸性的成長與貪得無饜的土地浪

費的型態，將很少或甚至不考量環境與未來福利計畫累積衝擊。爲了確保人們與健康環境的合理居住標準，美國必須發展更爲合理與更有成效的方法去管理資源─包括土地、空氣、水源、生物系統以及人民。

遺憾的是，根據過去的事實，政府政策已經使趨勢更朝向分離與擴張。土地使用規劃在美國傳統上是地方官員的差事，這些官員習慣於利用區域劃分(*zoning*)的法令與建築規範作爲主要的方法。區域劃分是二十世紀的發明，原先是想要保護資產的擁有者免於受到鄰居的侵犯，去避開鄰近土地使用時的經濟、社會或環境等危害的影響。雖然區域劃分有時能夠滿足需求，但是地方規劃者逐漸使用區域劃分法令，獨斷地去區隔住宅區與商業區的土地使用。因此，一些整合是被大部份的地方法令所禁止的，例如位於華盛頓特區(*Washington D.C.*)的喬治城(*Georgetown*)，商店不允許與歷史性都市地區的住房、窄街與密集發展混在一起，因爲後者吸引遊客來欣賞。然而，多重使用的都市開發型態，提供住戶在房屋類型有更多的選擇，更好的使用與便利，免於收入與階級的區隔，以及用更低的基礎建設擁有更好的社區意識。

整體而言，美國的土地法令體系是失敗的。多重的規劃與政策設計用以滿足通常有眞實價值的目的，但是在未考量當地福祇的情形下施行在過小的區域，且忘記了非計畫中的後果，使它變成有管理的混亂政策。*Aldo Leopold*說過：「要建造一輛較好的汽車，我們開發人類腦力的極致；要建設一個較好的農村，我們僅能夠賭運氣。」

土地的控管程序通常過於狹隘地集中於某些事項，並缺乏持續性的實施，且以不充分的資訊為基礎。這促使敵意瀰漫在利益團體間，並且使一般民眾產生權利被剝奪的無力感。大部分人未察覺或不清楚土地使用政策，如何戲劇性地影響他們的生活以及鄰近地區。

曾經位於市區中心的開發與商業通常在郊區進行激烈的競爭。市政當局透過寬減所得稅、提昇基礎建設和其他的保證，以吸引商家設立在城市的邊緣地帶；但是所增加的擁擠、污染等開發的成本，通常是被轄區附近的區域所吸收。在短視地專注於增加本身稅基的郡行政區內，社會與經濟上將變得零碎化。當更多的工作機會遷移出市中心，人們發現工作仍在合理的通勤距離內，所以他們能夠居住在大都市的更外圍。逐漸地剩下少數族群的成員留在舊市區，他們面對減少的工作機會，消失中的鄰居，以及經濟上的不對等。

過去遵從地方當局的歷史，已經阻礙了州與聯邦政府間有效協調的政策與行動，這樣支離破碎的方法產生了拼湊的東西，尤其是決策內容。土地使用政策未來所面臨的初步挑戰是去修正前述的方式，以達到最大的環境目標，並且反映更為廣泛的社區意識。

運輸與住宅政策是美國浪費的土地使用型態的主要促成因素。幾乎專門為汽車設計的運輸政策更加惡化郊區的無限制擴張，數以千英哩計的電車路線被終止或覆蓋，以轉為汽車使用的路面。在1956年，州際公路法案的主管當局，授權建造了四萬一千英哩連接城市與內地間的新公路，而且道路所至開發隨即展開。商業與郊區開發聚集在新公路的匝道出口，但是如此的成長導致城市金錢與開放空間的浪費。介於運輸與土地使用間很少做到聯繫，並且國家的開發型態反映

出這樣的分離狀況。

聯邦的住宅政策也促成了郊區的成長，並且以階級與人種來分隔住宅。在二次大戰後十年內，於美國境內興建的近半數住宅是藉由聯邦住宅局(*Federal Housing Administration, FHA*)與退伍軍人局協助籌措資金。這些計畫有助於大蕭條時期(*Great Depression*)後正在掙扎的工業的建設，並且提高美國建築物的量。但是聯邦住宅局支持的抵押借款，僅針對首次購屋的單一家庭，且位於低價郊區土地所建蓋的獨棟住宅。該局並未提供借貸給城市中整修、改建房屋以及舊屋升級換屋的人們，雖然這些屋子可能提供負得起的住屋給少數族群與移民。城市錯過了戰後有迅速發展機會的好處。

在包括國家的環境法令等事項缺乏謀劃的狀況下，已經產生非意料中的結果。以試圖清除被毒物污染的廢棄場所的超級基金（*Superfund*）計畫，已經無法達到目標，並且可能阻礙了被濫用土地的重新使用。甚至在一些基礎設施已經完備，且重建舊廠的成本較低時，貸方仍然因爲害怕債務問題，而不願意投資像這樣的計畫。過去污染的所造成的威脅帶領這些工廠，遠離「褐地（*brown fields*）」而鼓勵發展「綠地（*green fields*）」。

我們開始瞭解我們已經失去了什麼。儘管大量技術的提昇，我們所提出的是貶低，而非鼓舞市民的建築開發。我們建造了一英哩又一英哩的醜陋建築物，缺乏特色的小區域，擁塞的街道，犧牲城市風貌、開放空間、肥沃農田以及野生生物棲息地，取而代之的是過度炫耀的廣告招牌與霓虹燈而破壞視野的商業街。郊區擴張的代價並非僅在美學的觀點。由於土地使用決策所導致的城市衰敗與社區階層化，加重了

社會的負擔。當地政府逐漸地察覺到大量而散亂的區域劃分幾乎無法保護棲息地，並經常無法徵收足夠的稅賦以提供都會服務，且拙劣的土地使用所造成的環境成本，很少納入地方的決策中。

都市的發展是必然的，但醜陋的市貌與環境品質的降低則是不必然的。在事前的深謀遠慮之下，規劃者能將都市的發展導向更適合居住的空間與社區。*Theodore Roosevelt*將對自然資源的保護，甚至將我們對土地的崇敬與對現在與今後居民的關心，以塑造成爲更爲永續的社會潮流的努力，稱爲「重大的道德問題」。要持續這樣的道德標準，我們將必須爲決定與度量拙劣的土地使用成本，確立更爲有效與更能理解的規則；並且全面檢視阻礙美善土地使用的政策中相互矛盾的部分。想要有圓滿的土地規劃，這將有賴充分的資訊與政府所有階層、私人機構與居民的支持。以下的原理提出一個方法，以引導關於下一世代土地使用問題的思考。

系統思考

假使居民、資源專家與決策者可以瞭解開發型態將會如何衝擊自然系統，那麼便能夠實施更好的土地使用計劃長期的規畫。必須同時考量到景觀、集水區、河口與生物區，才能夠維持一定的水準。分析並信守系統所能承受的能力，是未來社區開發的基本原則；因爲自然系統通常跨越政治的藩

籬，所以包含聯邦、州政府，以及企業與地主等地方實體，都是非常重要的一環。

明日的決策者必須從許多學科中獲得知識，並招攬不同領域的專家一起工作。過度的強調專業將導致決策過於狹隘，例如由交通工程師來建造道路，將無法考量到行人的需求。運輸規劃者、教育者、休閒專家、財務專家、健康專家與政府官員必須學習共同工作，並以公開的形式，與農夫、企業經營者、水質專家、野生生物的生物學家和環境專家交換有價值的資訊。這裡需要廣泛的透視，以協助社區解決它們生活中多樣與複雜的問題。

例如，水質及水量兩者與土地的使用有緊密的關係，對所有人類而言也是最重要的。從紐約(*New York*)到聖安東尼奧(*San Antonio*)的市政當局，面對人口增加的壓力時，必須努力解決保護開放空間與保持水源供應的問題，但是保護與保存水資源經常是遠遠超越城市的界線。在此以一個例子說明系統規劃與區域協調的重要，在紐約的州與地方政府官員已經聯合發展一項計畫，來管理*Catskill*水域的開發與動向，以維持紐約市九百萬居民所需的水源。爲保護較大的土地區域，提供必要的新鮮水源，並節省水處理設施數以億計美元的花費，市、州、聯邦政府官員以前瞻與財務的承諾，共同爲紐約的居民解決前述的問題。系統思考需要完全地瞭解水域的限制，並留意它的新發展。

爲受危害與威脅的野生動植物保存多樣物種的發展計劃，是另一個以系統思考爲基礎的例子。在南加州的自然群聚保育計劃(*The Natural Communities Conservation Planning*)是一個實驗成果，爲保存州內因高土地價值與開發需求的區域裡、所剩下位於海岸山艾灌木叢(*Sagescrub*)的野生動物棲息地。這個複雜且經常受到爭議的計劃，影響遍及了廣達六千平方哩的五個郡，並試圖調和介於環境與開發間的衝突。當地、州、聯邦的夥伴共同合作來小心地管理已開發的土地，保護加州食蟲鳴禽(*Gnatcatcher*)與其他受危及的物種，並爲資助人提供一些長期的保證。

社區參與

健全的土地使用規劃需當地的認知、參與及精神，以提供活力、毅力，且使後來加入的鄰居能夠產生共同願景的信念。基本上，土地使用規劃是社區的願景，缺少當地人們的參與，規劃將不可能被期望成功。但這不意味著當地人們本身就可以成功，在起始的運作、技術的協助、方針的指導、基本的資訊，以及在未來幫助社區與多個當地政府進行規劃所需的資金等，州、區域或聯邦的參與有決定性的影響。

雖然許多人不認爲聯邦有土地使用政策，但它的確存在，即使是預設而非經設計的。它來自一堆不協調的重疊與衝突的命令與計畫。運輸政策、農業計畫、災難救濟、水源與下水道的維持、溼地與受危害物種的法律、公共建築、以及資金的借貸計畫等，建構成實際上的國家土地使用規畫。聯邦計畫對土地使用所產生影響的審核早已過期，所以無法發現自相矛盾的情形，我們應朝向更爲一致性的方法，以實

現區域與社區對土地使用的目標。

各級政府間的協調通常是困難的，但是對於聯邦、州與地方需求的整合存在一些模式。過去幾十年在聯邦層級被開發的運輸基礎設施計畫中，並未將區域與地方的土地使用目標納入考量。綜合陸路運輸效能法案(*The Intermodal Surface Transportation Efficiencies Act*)是一個新近且創新的法律，它以環境的觀點與當地休閒的需求，例如綠色道路與腳踏車道，來結合運輸政策與投資。在聯邦層級其他從事協調土地規劃的模式，還有海岸區管理法案(*The Coastal Zone Management Act*)與沿岸海礁資源法案(*The Coastal Barrier Resources Act*)。海岸區管理法案是一個靠自願性的計畫，聯邦政府對州的海岸管理規劃的發展提供協助，並確保爾後聯邦政府的活動與規劃內容是一致的。沿岸海礁資源法案避開法令條文，並且推出強力的誘因以拒絕聯邦資金投入開發位於敏感的海岸區的道路、污水處理廠、水源系統與洪水預防等設施。

少於一打的州充分的明文規定有關土地使用與開發管理的規劃，例如佛蒙特州(*Vermont*)與奧勒崗州(*Oregon*)已經如此進行，並且實現了令人印象深刻的成果[4]。各州能夠扮演爲地方政府確立基礎規則的關鍵角色，以及協助市政當局解決越過所轄範圍的水域保護的土地使用問題。這些計畫最終的目的並非反對開發，而是確保開發與社區與區域的目標相互一致。環境政策可以明確地納入這些計畫中，而非容許數以千計沒有系統的土地使用決策，無條理的浮現。

或許在地方層級最重要的成就將不是來自政府機關，而是透過以地域爲基礎的居民，致力於對自然資源的保護。由於國家全國組織性支持計畫的挫敗，或是將當地的特別議題予以宣傳，因而出現小型的自然資源保護組織。土地信託的激增增加了保護運動新的生氣與激勵，遍及美國各處有超過一千二百件的土地信託案正在進行，這個數目是十年以前的兩倍，並且它們幾乎是一週一件地增加。這些多樣與有活力的團體爲社區的概念與參與，提供了豐富的想像空間。

利用更好的資訊與提昇教育

在決定利用什麼樣的土地使用策略時，社區必須瞭解本身的特質、長處、限制，以及可以選擇的事物。以目前資訊管理的技術，規劃者能夠重新審驗，並詮釋數以百萬計位元組有關於土壤、植物、水資源、生物多樣性、不同景觀或街景、稅務結構、人口統計資料、運輸與基礎設施需求、住屋需求、休閒需求，以及其他地方優先考慮的事項。這些體系使社區規劃者有能力發展模型，並精確地預估所選擇政策所需要的結果。

例如在佛羅里達州(*Florida*)，自然資源保護基金(*Conservation Fund*)與麥克阿瑟基金會(*MacArthur Fundation*)合作，利用地理資訊系統(*geographical information systems, GIS*)，以允許規劃者與所轄區的居民對區域未來的開發管理提供意見。在阿拉巴馬州(*Alabama*)的七個主要木材公司，史無前例的與*Auburn*大學合作，致力於

利用地理資訊系統的製圖，來評估不同林木經營對於整個流域的影響，並且檢驗林木管理對環境的衝擊。

評估土地使用決策成果的標準必須被制定。成本效益分析能夠提供居民與決策者，對土地使用的環境與經濟成本有更佳的認識。量化整個擴散情形的成本，將有助於社區去評估，在他們的區域內怎樣的開發管理才是最好的。

爲了讓社區領導土地使用的政策，每一位居民應該在土地使用的選擇對環境與未來生活品質的影響，有更深入的瞭解。除非大衆的需要，否則土地使用的重大改變將不會立即發生。更多的人們明白這樣的問題，更好的土地使用規劃便有可能出現更多的支持者。總之，我們必須提昇我們的居民在生態方面的知識。各個級別的生態教育，應該提供有關人類環境與自然系統之間關係的資訊。居民應該明瞭，假使他們要採取行動，土地使用與乾淨的空氣和水源，安全和健康的鄰居，繁榮的經濟，以及穩定的稅基等之間是內在的聯結關係[5]。藉由提供資訊和教育，社區能夠開始發展願景與領導者，以建設更爲永續的未來。

建立夥伴關係

土地使用的決策經常是具有爭議性的，但是當意識型態暫時放一邊且有理性的人們坐下來討論解答時，不同觀點的領導者能夠立即確認更多可以實現的部分。政府、業界、非營利組織與居民一起運作，比起他們任何一個獨自運作時，能夠有更好的影響。下一個世代的政策必須包含新的合作模式，以避免我們在傳統環境議題上對立方式所造成的仇恨。

受危害物種的保護在任何地方都是激烈的爭議。然而，越來越多私人土地的擁有者、公司與聯邦政府達成共識，以形成保護瀕臨危險物種棲息地的協議。這些協議對地主提供確實的情況，同時確保受影響的物種得到適當的保護。在其他例子當中，緬因州(*Maine*)的州長、環境組織與木材公司坐下來共同簽署一項契約，以限制完全的砍伐與提升遍及全州的森林業務。這份合約在1996年的選舉中被提出，以取代另一更激烈的評估，最後以極大的幅度被通過，如此的創舉在過去十年是前所未聞。

在下一個世紀中，許多環境品質重要的進展，將是私人機構創造的成果。我們必須正面地動員企業領導者，他們的知識、經驗、政治領悟力、職員與資源，能夠應付許多麻煩的議題，例如：非點來源的污染與生物多樣性的保護。私人地主掌握大部份國家所剩餘的溼地、受危害物種的棲息地、林地與開放空間。在從事擴大野外休閒的場所，回收河流，回復受威脅物種的棲息地等活動的同時，政府官員、民間團體與主要木材公司也正已經合作找出方法以收成木材。

我們也必須尋找方法，以動員更多的私人地主從事自然資源的保護。例如，美國魚類與野生生物部門(*The U.S. Fish and Wildlife Service*)的「野生生物的夥伴(*Partners for Wildlife*)」計畫中，對二千五百位想在自己土地上保留野生動物棲息地的農民與農場經營者，提供資金與技術協助。地主因提升本身資產的環境品質而得到補償，並且聯邦政府保

證當他們選擇恢復耕種土地時，新法令將不會對他們的資產予以徵稅。

授予弱勢團體環境權

在美國，資源專家與環境學者一般很難將觸角延伸到多的社會與經濟團體。窮人很少關心環境品質，它通常被視爲上流社會的議題。許多環保人士對於衰敗的城市與開放空間的減少，以及社會問題與自然資源問題之間的關聯，理解的太慢了。自然資源的保護不應該是爲了財富而保存特殊的地點，而應該是爲了提昇全體居民的生活品質。假如我們忽略正遭到自己的破壞人類棲息地，保護自然的棲息地將不可能成功。貧困、失業與不安全的街道，就是環境的問題。

環境正義運動的高漲，致使許多廣泛的參與。從清除水源、含鉛油漆，到褐地的開發等，不論種族或社經地位，環境的利害關係影響到全體美國人。人們共同對環境、社會與內城的關心，將有助於改變我們對於土地使用的考量。如此，未來的保護、運輸與開發政策，將考量較不富裕與缺乏政治權的人士，並且引起內城團體對於本身社區環境問題的積極活動。

無論在何處的城市裡，土地使用決策所累積的效應已經再明顯不過。例如，因爲害怕犯罪活動與流浪漢，遊樂場、棒球場及社區活動中心，通常被棄置或從不興建。一位非裔美籍人士的領袖，同時也是擔任奧勒崗州波特蘭市(*Portland*)公園與休閒主管的*Charles Jordan*，他評述：「我們是歷史上第一個害怕自己小孩的世代。」「這會產生不斷加劇的影響，如更少的休閒娛樂機會、更多反社會的行爲、更多的恐懼以及我們提供的公共設施日漸下滑。」居民、教會與居民領袖必須開始多方面行動，以反對城市與都市居民持續的社會分層與衰敗。這將納入都市、郊區、農村的利益，以形成廣泛的夥伴關係，而且更加瞭解到，城市與農村的衰退是每一個人的問題，每個人必須是解決辦法的一部份。

保護且強調原始

原始不是一個遙遠神秘的地方，而是自然系統與所在處的特有精神。原始或許可以在一小塊的林地、天然的草地、有蝌蚪的池塘，或是有鳴禽來去的後院中被發現。原始訴說的是美麗、恢復力、多樣性、挑戰與自由，它是幫助定義我們成爲一個國家與提昇我們成爲一個民族的特質之一。保護原野，我們保護自己本身的一部份。我們不僅維護自然系統有形的利益，例如：新發現的藥物、作物的基因材料、空氣與水的品質，而且是維持生命本身的特質與持久性。

將保護原始當成國家政策是美國所首創，它是第一個設立國家公園、森林、野生生物收容所與觀光溪流的國家。但

是位於人口高度密集的區域，僅存在少許的公有地，並且休閒的機會也相當少，在那裡需要更多的開放與自然的空間。1995年，一個由全國最大住宅建築集團所從事的研究中發現，美國人逐漸地想要能夠與他們居住所在的戶外環境，例如：小徑、樹林與開放空間等有所互動。在這份調查中，百分之七十七的應答者選擇「自然開放空間(*natural open space*)」，成爲他們未來新家的開發中最想看到的事物。

佛羅里達(*Florida*)、馬里蘭(*Maryland*)、密蘇里(*Missouri*)、科羅拉多(*Colorado*)以及其他州，已經開始從事計畫，目標在爲野生生物與休閒活動建立綠色路線，並保護野生生物與休閒的開放。更多需求要圓滿。雖然選民再三地支持取得土地的債券議題，但是在對於公有土地缺乏全體一致性的協調下，使得國會將越來越多從土地與水資源保護基金(*Land and Water Conservation Fund*，來自於近海油井的稅收所成立的帳戶，以滿足聯邦、州及當地公有土地與戶外休閒的需求)所取得的資金，轉移到其他事物上。這個帳戶中不當使用的資金應該被歸還，以滿足國家下一個世紀的需求。

土地信託趨勢的高漲，將使政府在減輕開放空間的維護與取得的同時，獲得極大的利益。這些居民所發起的努力，爲下一世紀的自然生態保育提供了最大的希望。我們必須在新的合作方式上進行試驗，像是觀光地役權(*easements*)、稅金的借貸、房屋稅減免、可轉移的開發權，以及技術協助來鼓勵盡可能保留與重建原始生態。

恢復靈性

有時候保育很困難，因爲從許多方面來看是道德的問題。它需要有價値觀、愛心、慈悲的觀念，這是一份祈求大自然賜福的敬畏與分享地球資源的承諾。假使我們無法對我們的行爲做出正確的判斷，並且爲土地使用的選擇承擔應有的責任，那麼在下一個世紀來臨時，我們將會重複這個世紀所發生的錯誤。我們的環境活動已經變得過於世俗化。對於如何使用土地與其產物，照料其他的事物，以及我們將爲後代留下什麼樣的地方之類的道德觀與實踐的熱情，必須一點一滴地重新恢復的工作。

暢銷書作者與哲學家*Thomas Moore*說過：「二十世紀社會最大的弊病是靈魂的喪失。」在美國有越來越多的評論家，憂慮這個國家的人民正失去他們的目標與道德觀念。失落的社區—「崩潰的社會」是經常聽到的說法。我們增益土地的管理，並使人們與土地聯繫在一起的努力，是試圖將個人注意力放在對於共同目標與價值上。或許人們在宗教、文化與道德觀念上有所不同，但是對於大自然的崇敬，在許多傳統思想來說是共同的信念。現在是我們重新發現我們相信什麼是正確、什麼是錯誤的時候了！

美國過去一直自豪於個人主義。然而在最近十年，過去驅策企業、社區與金融界無數拓荒者的個人主義潮流，已經改變了它的特質。它不再強調共同體，自我專注的代價來自社區。它似乎否決了我們與其他人、後代以及土地間存在道德上的關係。然而，對於其他人的尊重，是符合土地使用道

德的第一步。

改變人們與土地間的關係並不容易。美國土地使用的法律的前提，通常是基於土地爲用於買賣以營利的有價商品。*Aldo Leopold*將它表現的更具說服力：

> 我們濫用土地，因爲我們視它爲屬於我們的商品。當我們視土地爲我們所歸屬的社區時，或許我們已經開始以愛與尊敬來對待它。對土地而言，沒有其他的方式能夠從機械化人類的影響中倖免；對我們而言，也沒有辦法從土地在科學下所具備對文化的貢獻中得到美學收獲。「土地代表社區」是生態學的基本概念，但「土地代表愛與尊重」則是道德的延伸。「土地結出文化的果實」是長久以來所知，但是近來經常地被忘記的事實[6]。

鍛造土地與人民之間的道德關係，是我們的時代挑戰。這些原理僅爲建立決策提供新的工具與方法，而這些決策將會形成我們國家的傳統特色。提昇土地使用政策必須基於系統的方法，來減少土地與資源的浪費，加強原始與社區的特質，允許開發與經濟的成長，以及保護健康與生態系統的運行。「不失去任何綠色空間」應該是二十一世紀的目標。當保存開放空間、農田、水域、農村社區的同時，我們必須設法完成計劃中的成長。被破壞與被遺棄房地產的重新開發，必須比郊區邊緣處女地的開發，給予較高的優先順序。

我們應該發展更爲平衡、公正與彈性的管理方式，並檢視所有政府層級的計劃與程序。我們必須鼓勵地方利益團體、政府部門與私人機構所做出的創舉，但額外的領導階層應該來自州與聯邦政府，以使當地的開發管理能有較佳的協調活動。來自政府的支援是土地使用競賽中進步的必要條件，並且我們必須確實提昇、培育與加強當地和遍及全州選民的觀念。增加教育與拓展新的夥伴，是成功的關鍵。

土地使用規劃是關於人們發展土地感，然後決定未來我們的社區未來應該像什麼。它不是激進的構想，而是需要很好的領導階層、願景與創新。它對美國未來的利益，是更好的生活品質、更有力的經濟，以及更健康的環境。

------註釋------

1.James Howard Kunstler, *The Geography of Nowhere* (New York: Touchstone, 1993).

2.Kenneth T.Jackson, "America's Rush to Suburbia," *New York Times*, 9 June 1996: E15.

3.Henry L. Diamond and Partick F. Noonan, *Land Use in America* (Washington, D.C.: Island Press, 1996).

4.Other states, such as Florida, are experiencing explosive growth despite diligent efforts at state growth management planning. Florida grows by an average of 750 people each day, according to census figures, and each day on average the state sees 450 acres of forests leveled, 328

acres of farmland developed, and an additional 110,000 gallons of water consumed. Even under the growth plans developed by each county, Florida's population could soar from its current 14.5 million to nearly 90 million people by the end of the twenty-first century. See Leon Bouvier in "Florida's Growth Strains Services," *Washington Times*, 18 Nov. 1996: A10.

5. Many studies have detailed the high costs of suburban sprawl for municipal governments, which are hard pressed to pay for police and fire protection, schools, water systems, and sewers. A recent study dont for Culpeper, Va., found that for every $1.00 in tax revenue from residential development the city must pay $1.25 to provide necessary services. The same study, conducted by the Piedmont Environmental Council, found that for every $1.00 in taxes collected from farms, forests, open spaces, or commerical lands, 19 cents was paid out for services. Large-lot-exclusionary zoning can be extremely costly, but many planners and citizens still cling to the notion that such practices are inherently profitable.
6. Also Leopold, forward to *A Sand County Almanac* (New York: Oxfore University Press, 1949), xix.

第六章　能源的價格與環保的成本

Todd Strauss and John A. Urquhart

能源的價格與環保的成本有著直接而帶點麻煩的關聯性。如同衆所周知的，產業的發展會帶動經濟成長，但前者的成長則不免刺激能源的進一步開採與消費，而這便幾乎無可避免的爲我們所生存的環境帶來傷害。我們在土地裡開礦採煤、抽取石油與天然氣，因而改變了地貌與生態體系。冒著致命的外洩與溢落的危機，我們以油輪與輸油管線運送燃料。我們燃燒著使用的煤炭與石油，讓因此釋放出來的污染物質引發都會地區煙塵與酸雨的問題。我們興建提供電力所需的核能電廠，卻製造了我們自己都不知何處可以覓得一處安全儲藏其所生成的危險核廢料。實際的景況可能遠比前述這般令人沮喪的畫面還要來的糟糕的多，只要我們一想起今天我們所處的這個世界的大半地域仍舊處於工業化方興未艾的階段，便可以想像能源的消耗會呈現出怎樣快速增長的局面了。

儘管如此，還是有一些較爲明亮可期的地方存在。產業界發展出的新設備、新技術和新的管理系統讓每一立方呎的天然氣產出更多的電力，也讓同樣噸數的煤礦製出更多的鋼材。國內生產毛額所掙得的每一塊美元所需耗掉的能源量，亦即我們所說的能源耗用比率(*energy intensity*)在工業化的世界裡已逐漸的降低，與此同時，基於許多相類似的理由，這比率在刻正工業化的國家裡也較美國在經歷相同經濟發展階段時來得低一些[1]。

能源產業變得益發的整合、益發的國際化，而且越來越少接受規範管制。原油的價格取決於商品交易的狀況，而不是由產業界的同業組織會議來敲定。政府已然放棄他們對於國內原油與瓦斯價格的控管權力。聯邦能源管理委員會也對市場競逐的勢力開放了州際間輸送販賣天然氣與電力的權利。地方性的電力與瓦斯公司因之逐漸相互合併，轉型成爲全國性、甚至是全球性能源供給者的角色。

從環保的觀點來看，這些趨勢都爲我們帶來挑戰與機會。當市場將環境所付出的全部成本與其所追求的利潤相結合，包含在整個的販售價格裡面，那市場肯定是較具競爭效益的。雖然能源產業的法令鬆綁使得競逐於市場的各方勢力如虎添翼，但是若想要達到效益化的目標就不能不把諸如污染外溢(*pollution spillover*)等等外部的成本(*externalities*)予以內化吸收(*internalized*)，或者是全額支付承擔起來。因此，能源產業的法令鬆綁是否同時包含了在能源販售價格上適切地把對環境的傷害反應出來乃是至關重要的一大課題。

儘管能源流通過程的效率化上得到改善，能源市場也是一片大好榮景，這個世界仍然也持續會存在著無以數計的原油提煉廠、發電廠、煉鋼廠、工廠鍋爐和車輛。它們會排放出造成全球氣候變化的主要溫室效應氣體的二氧化碳、酸雨主要先驅物質的二氧化硫、氮氧化物及煙塵先驅物質的揮發性有機成份。因此，我們理應將注意力放在廢氣的排放上(參見圖6.1)[2]。誠如前述，有關能源使用的決定無可免的也必然等同於環境保護政策的決定，兩者實在是難以分割來

談。

儘管能源的消耗與環境的傷害有著密不可分的關聯性，過去25年來的美國能源政策大都在憂慮能源可能的短缺，以及因仰賴外國原油進口而引發的國家安全上打轉，而不是真心全然的關注環境品質的良劣。儘管這樣，對那些憂慮的反映有時候也可能對環境的保護有所助益的。就像1973年到1985年間的短暫時期裡，高昂的油價便改變了消費的型態，鼓勵了能源使用的效益化，並且刺激了利用特別是從太陽和風產生、對環境品質衝擊不大的替代性能源的研究與發展。可是我們也別忘記，那畢竟也是一個經濟成長疲弱、高通貨膨脹的『停滯膨脹』(*stagflation*)年代。現在擺在我們眼前，則是經濟繁榮與環境品質同時兼顧的一場挑戰。

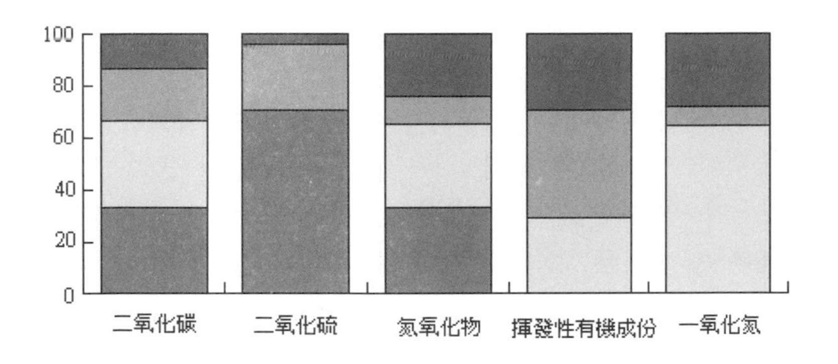

圖6.1美國廢氣排放來源圖(污染物質的所佔百分比)

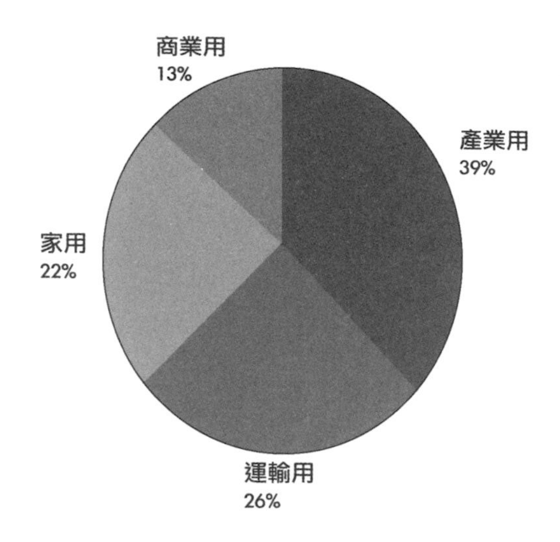

圖6.2 能源使用分佈圖

當然，因能源的使用與製造而產生的污染也不是全然被視而未見地忽視著。身處在一個日益關注我們將要留給未來世代怎樣生存品質星球的社會裡，那些正規專門用語通稱爲『固定污染源』(*stationary sources*)、一般用語謔稱爲『大污穢』(*big dirties*)、產業界主要的污染者醒目的煙囪管確實是需要被投予經常性的關注。畢竟產業部門仍舊是美國電力最大的用戶(參見圖6.2)[3]。另一方面，一逕地把投注的焦點放在工廠產生顯明易見的環境衝擊，而罕少去關注各別消費者與選民們所製造的那種逐量遞增的空氣污染，說起來這不過是政治操作面的便宜行事罷了！當汽車製造的空氣污染問題被指陳出來，很自然地技術上的修正調整便成了人們偏好樂見的事了。爲降低空氣中鉛和其他污染物質的成份，汽車

製造商被要求在車上加裝觸媒轉化器(*catalytic converters*)，煉油業者也被強制去修正調整他們汽油提煉的程式。

集注於大型產業和技術面上的改良修正確實在環境保護的工作上產生了重大的突破與進展。空氣中的鉛含量顯著的降低了許多，揮發性有機成份的排放也減少了，電力設施排放的微粒(*particulate*)也變少了。然而進一步緊縮現行政府施行的法規，讓它們更具指令性的強制力的作法看起來也並不見得能再產生多少的效益。我們是已然獲取巨大的、易於搆得的收穫。想要在現行法令的標準上著手，藉由它們的修修改改來對付剩餘待處理的污染物質，而在空氣品質的工作取得之前所取得的那樣子的績效其實是不太可能的。另一方面，這樣的作法也將使社會經濟所付出的代價遠遠超過它在環境保護所獲得的利益。對於新的機構與設備採用更嚴峻的技術標準也在無形中鼓勵民間更耽於更陳舊、更易製造污染的生產流程。我國近年來的管制規範往往塞阻了創新發明的空間(參見第九章)，因之而生的龐大成本負擔也讓民間在面對政府的環保政策時顯得遲滯不應，多所推脫，而不願主動合作配合。因此，我們若想要在維護空氣品質的工作獲致有意義的進展與突破，我們所擬的政策必須變得更有創意，而且極富彈性。大污穢確實是需要被持續的予以關注，然而與此同時，我們也應對更廣泛的能源使用與能源使用者投注遠勝於昨的心力，而這當然也包括以汽車駕駛者爲身份的個人式行爲在內[4]。

更重要的是，我們必須承認諸多能源使用所附隨的環境成本實際上並未在市場的價格機制中反應出來。無以將能源使用所造成的環保效應反應到市場商品價格上不僅損及(*compromises*)了我國市場經濟的運作效能，也不可避免的讓我們的環境品質持續惡化。掌握這些環境的付出的成本或將它們含括到價格機制內必須是下一世代的環保政策的運作基礎。以當前情況來說，因交通壅塞而導致的都會地區空氣污染的狀況並沒有被納入考量，以決定駕駛或搭乘車輛的市場價格。對於原油提煉可能對於人體健康所產生的負面效應，現行的廢氣排放管制法規也未作全盤的妥善考量。至於那些因空氣污染遠距離與長時程效應所生成的社會成本，更特別是被政府部門輕忽，也更格外難以被納入市場價格機制。誠然這態勢在最近幾年間有些許的改變，有一些州政府是開始在地區空氣品質的管制上採用了聯邦政府對二氧化硫排放所採行的標準，可是那些流播擴散在州際間的二氧化硫和隨之而生在鄰近地區降下的酸雨等等環保效應，依舊未被它們正面去處理。截至目前爲止，區間飄浮散播的氮氧化物和溫室氣體的排放，更是幾乎未反應在能源使用的成本結構之中。

與此同時，另一種的市場機制扭曲也存在著。在全球各地，能源的產製與使用往往仰賴公部門的經費補貼，這無疑的只是進一步加速能源過度濫用的情況，並爲人們生存的環境帶來日增的破壞威脅。在那些發展中的國家裡，能源的價格往往低於市場所負擔的實際成本。即令是在那些西歐的國家裡，煤產業也幾無一例外的接受政府的金額補貼掖助。同樣的，美國的貧戶也可能在低於市場實際成本的情況下購得燃料用油、電力和天然瓦斯。不僅如此，對於原油和有些如乙醇之類的替代性燃料的產製，政府也給予稅捐暫免的待

遇，普萊斯安德生法案(*Price-Anderson Act*)更對那些民間經營的核能電廠業者的商業責任(*liability*)予以寬限。上述這些的政策無一例外的建基在社會與政治的考量，它們都不可免的造成某些環境的衝擊效應，那效應有時也許是正面的，但遺憾的是，大多數的狀況下卻往往只會製造負面的結果。

將環境面所承擔的代價與所獲致的利益明確地確清，並且將它納入市場價格的機制裡頭，這應該是針對能源部門所擬的環保政策中至爲重要的一項原則。唯其如此，也才能和能源部門中法令鬆綁的趨勢相呼應，因爲它是建構在當前這種日益擴張的能源市場的基礎之上。

這樣的作法也讓公衆政策表現的更健全。正因爲商品的價格本身便在市場扮演著傳遞訊息的功能，所以假如我們可以將能源產製與消費的代價內附在它上面，我們便可能對消費大衆傳送出再清楚不過的信息，讓他們明瞭使用能源的同時所可能對環境的影響與傷害了。這便爲公衆的自我再教育與覺悟奠定下有利的基礎。與此同等重要的，假使我們的政策讓成本與利益『透明化』，也就是說讓此二者對使用者變得明確可辨、易於計算與理解，這其中確實是有經濟上的好處的。說的更清楚些，透明化使得我們企圖將環境所受到的衝擊影響一併納入市場運作的決策考量中變得更加的容易，也同時降低了作成前述決定可能付出的成本。最後，透明化的本身也可以是一個建構形塑公衆自覺的有效方法。(包括更開放的政策計劃可能的缺陷在內，進一步有關透明化的討論，請參閱本書第二章的內容。)

課徵負稅或是收取料金來調整能源販售的價格，以忠實反應環境衝擊影響所付出的成本代價儘管可能在政治的操作上是最難以被人接受的，卻也許是較爲方便與簡易的一種方式。像這樣的作法也不是全然適用在能源市場的每一個地方，而僅是在某一些污染發生地域關鍵性地援引操作。重點在於我們所擬的規範必須謹守污染者付費的原則。不論是製造的廠商、原油提煉者、電力開發者，抑或是汽車的駕駛人，所有製造污染的能源使用者都理應爲他們燃燒化石性燃料(*fossil fuel*)而排放出影響空氣品質的行爲而付出代價，接受政府課徵的稅負。尤其重要的是，他們應該根據他們自己所造成對環境傷害的輕重程度，被課徵程度不同的稅率。如若不然的話，自然便會產生一種不恰當的誘因，促使人們去使用那些稅金課徵較少，而不是從整個社會的關照出發較爲理想的能源資源。

正因爲從早餐的麥片粥到成衣和音響設備，幾乎我們所有日常生活所購買的物品無一不依賴能源來製作或運送，所以所有市場商品的價格都應反應出這源於商品製造與運輸所帶來的污染代價。在此情況下，製造商與消費者兩者才都會產生減少使用那些容易製造污染的能源種類的動機。因爲這種爲反應出環境所受衝擊影響而做的價格調整工作有其透明公開的性質，或許對政治人物而言會有高度的操作風險性，因此政策的制定者必須大聲明確，而且直接的指陳能源稅便是衝著污染的行爲一事予以課徵的稅負。

汽油

從1996年聯邦汽油稅以及更早先有關擬議提出的*Btu*稅（*Btu Tax*）所引發的爭議上都可以看出任何一件試圖調高能源稅率的提案如非被當成政治性的自殺行政機關，也起碼會被形容成唱高調而不切實際的行爲。然而嚴肅來說，制定上述兩款稅制的原初動機並非是著眼於環保的利益，而是財務的考量。它們之所以受到公衆的反對，無非是因爲它們被視爲聯邦政府加諸納稅人的另一項額外負擔，而且作爲一個降低環境創傷的手段，它們的課徵並無太大幫助。唯一可望突破人們在政治上反彈障礙的方法就是讓能能源稅的課徵回歸到環境考量的基礎上。不僅是能源稅的推銷必須與環境保護的名目相結合，它們本身也理應援用嚴謹的科學、資料、風險評估，以及利潤成本分析來作自我辯護。唯有具備了適當的科學基礎，才比較容易掙得公衆對它們的支持。

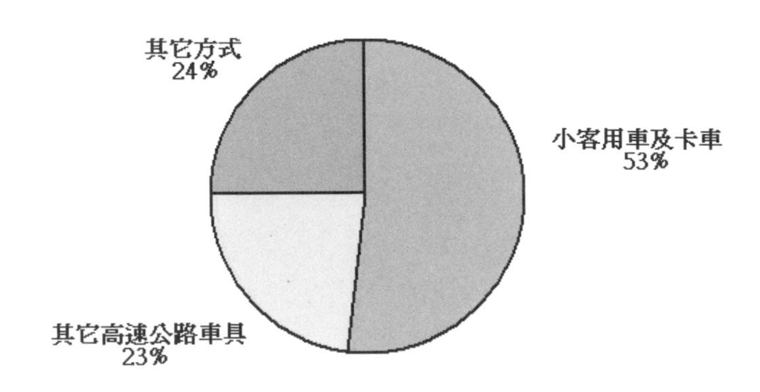

圖6.3運輸部門的能源使用分佈圖

在運輸方面，小客用車消耗掉多數的能源。(參見圖6.3)[5]因此，能源稅的提高引發了公平與否的爭議。舉例來說，課徵較高的汽油稅負顯而易見的便是退化的做法，因爲畢竟是經濟上較爲貧弱而非較爲富有的人們才會花他們收入中較高的比率在購買汽油。同樣的，汽油稅也有著區域別的衝擊差異。一般而言，住在鄉村的居民使用車子的比率遠高於城市的居民。假如適切的能源與環保政策想要在政治面上變得可行，這一類不同類別上的差異必須先行被面對處理。我們也許能考量減輕加諸於窮人的其他稅負，逐步在過程中導入污染的稅則，並且機動地調整稅負課徵的標準，以使得農村的居民爲他們所製造、諸如二氧化碳排放的環境傷害，而不是對諸如各種型態的煙塵這些城市產製的問題而付出代價。

又設若政府在調漲污染稅負的同時可望一併考量調降其他稅目，在這種狀況下選民是有可能被說服，轉而支持政府的政策。當然，公衆對於對於維繫財稅徵收不偏不倚中立的

政治諾許也許存在著相當的疑慮。此外，一些反對能源稅的公民也因為將它視為政府介入市場運作機制而因此持保留的態度，然而實際上那邏輯卻恰好相反(*But the logic here is upside down*)。如果政府真的不對環境受創的地方予以適切介入，我們的經濟肯定會面臨市場失靈、無效能、價格機制扭曲不正，社會福祉水平降低，當然更甭提環境品質的惡化了！

並且對於必然會引領社會行為模式的指令式政策而言，稅負與其他的市場機制本來便是它們所偏賴喜好的手法。讓我們且想想看最近關於再重組汽油(*reformulated gasoline*)的爭議吧。設計來改善都會地區的空氣品質，它在某些地域被強制要求使用，卻在另些地區容許人們隨自己喜好，自行決定要不要去使用它。打著為了人體健康和引擎問題的名目而漲價，和一般來說不受大眾青睞的宣傳不僅都招來無數的怨言，也使部份地域退出了此一原本加入的方案。假如一開始的時候，駕駛人便被容許選擇使用再重組汽油，或是為支付對環境所加諸的傷害而課加譬如說每加侖15分稅的標準汽油，再重組汽油或許便有更大的可能被人們所接納，環保意涵的政策議題也才更可能被明確的宣導與傳達給大眾[6]。

不管是藉由汽油稅的課徵或是其他的機制，重要的是駕駛人一定需要為他們所排放的廢氣負起責任來，畢竟運輸用能源中百分之九十六的燃料來源便是原油。基於行駛的哩程數(亦即一種所謂的里程稅*an odometer tax*)課徵每一加侖的稅金或料金的作法其實要比消費者或是製造商在銷售時一次付清的手段要好得多了。畢竟，因『使用』多寡而徵收的料金是更直接去回應環境傷害的問題。追根究底，是人們駕駛車輛，而不是擁有車輛帶來相應而生的污染行爲。當然，在製造車輛過程中因使用能源而引發的污染確實也應該被反應吸納在車輛販售的價格之中。

氮氧化物交易許可的方案理應將機動車輛納入考量。這確是個困難的議題，其政治面向上的操作還較技術面向的調整來的難得多了。但無論如何，將汽車的製造商、僱員、零售商，以及地方的政府整合在一塊以協力去處理降低廢氣排放的問題肯定的必然可以找出一個適應特定地域需求、具有創意的解決方案。

假使公衆仍然缺乏對能源引發的環境品質惡化狀況有足夠的認知，人們對廉價油品的要求聲浪想必仍會壓過他們對保護環境品質的冀待。1996年春天社會喧嚷著低能源價格而產生的政治壓力便是個再明顯不過的例子了。回想當時，市場的狀況導致了短暫時期的油價攀昇，於是大衆們開始抱怨喧囂，抒發不滿的情緒，不分朝野兩黨的政治人物見狀紛紛跳出，力促政府調降汽油稅，並要求釋放國家戰略性儲備原油供民間市場使用[7]。這樣的反應動作說實在的不過是政治上便宜行事的作法，從環境保護的觀點來看，絕對是大錯特錯的舉措。公民們其實應該去了解能源市場的實際運作，也必須對車輛駕駛與環境因之所受的衝擊傷害此二者間的關聯性有更深入的理解。假如缺乏上述的這種自覺與體悟，想要在環保與能源政策間取得一個統合一致的連結關係可說是希望渺茫、期望註定要成空的。

電力

耗掉全國百分之三十六比率使用燃料的美國發電產業也呈現了對政府環保政策而言相去不遠的的挑戰。燃燒化石性燃料以獲取所需電能造成了嚴重的廢氣排放問題(參見圖6.1)。就像汽油之於汽車與卡車，電力也是現代社會運轉的中心要素。也因此，任何試圖矯正或減輕電力製造所引起的環境破壞的政策，都可能會連動產生重要的社會、經濟，和政治面向的結果。

截至目前爲止，電力所產生的環保難題確實在政治的面向上比起那些導因於駕駛行爲所產生的易於去處理掌握。由於過往電力設施一直都是在特許領域中接受政府管理的一種獨佔事業，政府官員們也便因此有法子去影響它們，迫使其將許多社會與環境在生產過程所付出的代價反應在它們販售電力的價格裡。撇開給予窮人們的所謂『生存線』的特惠價格(“*lifeline*” *prices*)以及特定區域爲吸引外來產業前來投資所作的讓渡條件不說，州政府的管理者和聯邦政府的立法者確實足以鼓勵，甚至明白要求相關的廠商們採用新的技術和再生的燃料。舉例來說，有些州的州政府便要求電力業者在消費者採用省能設備時給予一定程度的折扣優惠。

過去已在其他產業中盛行的法令鬆綁浪潮如今也衝擊著電力業界。1994年加州的公共設施委員會便在大規模的生產和零售給各別消費者的層級上，爲州內的電力業者規劃出一個更具競爭效益的市場環境。自從那個時候開始，電力市場的法令鬆綁這個原先只是產業界用電大戶吵著要求低廉電價費率而因此發展的趨勢，如今卻因一些州的州政府依循加州的模式跟進而推波助瀾，助長了聲勢。聯邦能源管理委員會和某些國會中的成員們也在此一過程中扮演起積極推動的角色。當業界長年累月的組織架構因之而趨於解組重整之際，我們所感受到震撼自然是無可避免的了。這一有計劃進行的組織重構，主其事者宣稱是要藉由刺激市場的競爭來提昇經濟面向的效益。

儘管如此，許多的觀察者擔心整個發展趨勢將會讓那種狹隘、唯利是圖的觀點抬頭當道，而人們所賴比生存的環境亦將因而在業界競逐利潤的惡鬥中受到難以彌補的重創。他們同時也擔心公共設施委員會將對業者失去某些強制力，無法要求他們將生產過程中所付出的環境成本反應到到他們所制定的電價費率上。何況，僅僅只是建基在商品價格的商業競爭上無形中也妨礙了業界對光生伏特(*photo-voltaics*)和風力農場(*windfarms*)這一類成本上雖比起燃燒化石性燃料的技術來的高、卻肯定對環境產生較少負面效應的新型投資的意願。如此一來，在新的情勢下，觀察者們憂心那些過去所作的、關於能源永續(*energy conservation*)與能源效能的設備研究投資將受到阻礙威脅，而難以爲繼[8]。

不管電業界的重組過程將要把我們帶向什麼方向，兩個主要的因素仍將影響並決定著電力生成過程中所排放出來的廢氣量和廢氣種類。頭一個要提的，便是各別電廠所選用的燃料與技術，第二點因素便涉及了產製的電能總量究竟有多少。(參見圖6.4)[9]

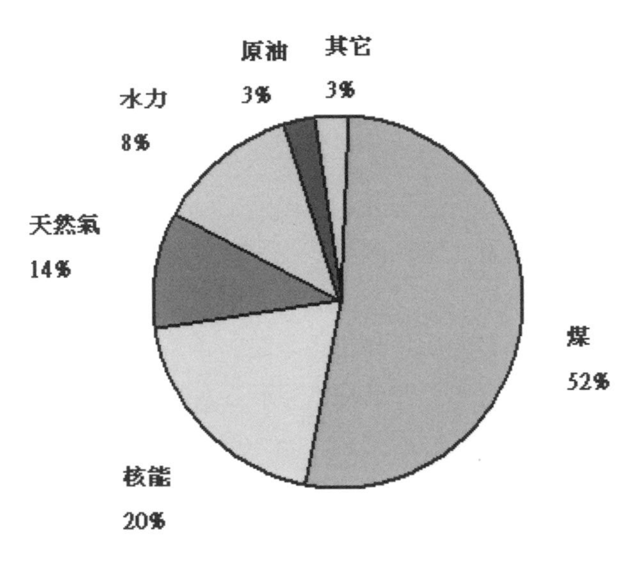

圖6.4美國電力產業燃料使用分佈圖

首先，且讓我們從業者所使用的燃料與技術問題談起。在這方面，天然氣無疑是可供燃燒的化石性燃料中最乾淨不過的能源，何況它供給充裕無虞，賣售的價位又相當合理，省能混合循環的汽化渦輪機(*combined-cycle gas turbine*)更已成爲新式電廠青睞、技術面上的絕佳選擇。另一方面，煤炭雖說是化石性燃料中最爲骯髒、最易造成環境傷害的一種能源，但說到燃燒使用它後而釋放到空氣中的二氧化硫和氧化氮的程度，則視各別不同的使用電廠而有極大的差異。這種排放程度的差異性，與各別使用電廠所燃燒的煤炭種類、燃燒的方式，和電廠對於它們排放廢氣的煙囪管所採用的清潔技術息息相關。由於數據顯示當前煤炭供應著全美半數以上的燃料以為發電之用(參見圖6.4)，因此我們在此可以明確的推估論斷，電力產業的法令鬆綁趨勢對於環境可能造成怎樣的衝擊影響，便視業界在電力生成過程裡煤炭與天然氣使用的比重如何去變化了。

環保的政策在此是有其著力的空間，可以主動去形塑最終的結果。市場導向的機制甚且可能在電力產業的法令鬆綁之後發揮作用，同時達成促進經濟效益和環境保護的目標。且讓我們想想看1990年空氣潔淨法修正案中針對二氧化硫排放所設計的『可供交易許可』(*tradable permit*)的方案吧！就實際情況來說，不僅二氧化硫的排放量各廠皆有所不同，就是連控制它排放所要付出的成本也有不等的差異存在。與過去那種技術加諸的管理原則絕然相異(*in a ground-breaking departure*)，『可供交易特許』方案容許那些廠址位置較佳(*best positioned*)的電廠降低它們的二氧化硫排放量，並藉由這種『多餘負荷』(*overfulfill*)其應盡義務的表現來換取『出售』其『未及法定額度的排放量』(*excess*)給予他廠。(請同時參見第七章內容)

特別值得一提的是，此一政府方案對於全美每年二氧化硫的排放總量予以限制，或者換個方式來說，給予所謂排放的『最高上限』(*caps*)，然後根據過往各別電廠二氧化硫的排放層級分配燃燒使用化石性燃料額度。各電廠分別收到政府分配給它們、賦予業者排放一噸量二氧化硫的許可狀(*allowances*)。業者們不僅可以長期持續地擁有這些排放二氧化硫特許的權利，也可以將這些額度轉渡給他們自己所擁有的電廠靈活運用分配，更重要的是他們還可以針對這些政府特許的額度進行與他廠買進或售出的交易。與此同時，新

的方案中也訂出巨額的罰金以對付那些二氧化硫排放量超出政府特許程度的電廠，因此這些電廠業者便面臨一個經營上的抉擇，是否就此該考量花錢投資爲他們的電廠購置較爲清淨空氣的操作設備，還是要轉換他們所使用的生電燃料，或者是乾脆向那些二氧化硫排放量低於政府限定配額的電廠購買排放特許的權利。這樣一來，排放特許權利的售方就得到實質的金額獎勵，也補償了他們花費在污染減量所作的經費投資，而買方這邊也在整個過程中意識到投資新防治污染技術的經濟誘因的存在，因爲唯有這樣去做，他們才有可能停止支付額外的大把鈔票去購買他人的特許權，理想的話，他們甚至可以在設備改善後開始以出售他們自己多出的特許權而獲利。時至今日，二氧化硫的排放依舊是地方當局、州與聯邦政府管制的空氣品質標準。

政府所設定的全國二氧化硫排放總量隨著不同的階段而逐漸刪減，預估到了公元2005年，其年度的排放總量將會下殺到公元1980年時排放的一半額度。過去在管制支配性質管理模式下，一旦政府指令各電廠添購某種特定污染減量的技術以潔淨電廠的排氣煙管，它們很自然地便會將這類憑添生出的經營成本轉嫁到電力的用戶身上，現在有了二氧化硫排放特許交易制的襄助，政府便得以用遠低於過去運作那套模式爲低的成本達成它期待完成的環保目標。這一套制度，讓每一個公有服務的設施都有經濟上強烈的動機去選擇個對它們最爲適切妥當的因應經營策略。預估全國每年因此一方案的實施而省下的經費多達數十億美元，它更造就了相應於二氧化硫排放減量上的方法競爭，業者要嘛不是添購採用排放減量的新技術，要嘛就使用含硫性較低的煤炭或混合著不同種類的煤炭來燃燒發電。結果是諸公有服務設施採取比預期還要大量且快速的因應策略來面對政府的環保要求，而二氧化硫排放交易特許的市場也隨之因業界的如此反應而需求減少，交易價格更是低於原先所期。

無論電力業界的法令鬆綁細節內容爲何，我們可以肯定地斷言這其中政府設定、關於二氧化硫排放的總量上限一節是不容輕忽，有其舉足輕重的一席地位存在(*in place*)。反之，試想1977年空氣潔淨法修正案如果還發揮其功效的話，所有新設的燃煤發電電廠就會在它的法令要求下添購設置昂貴的煙囪管清淨設備，諷刺的是與此同時，那些祖父級、沒有上述設備的老舊電廠卻被容許繼續排放大量的二氧化硫。在法令鬆綁的情況下，它們因爲無須去控制其二氧化硫的排放量而得以降低營運成本，取得銷售電力到日趨競爭的新興能源市場的商業優勢。如此一來，政府環境保護的法規反倒是事得其反、錯誤地讓那些最爲老舊、製造污染最爲嚴重的燃煤發電電廠成了市場競爭中最適存、也是最後的大贏家。結果想當然爾，二氧化硫的排放總量只會遽增，而無望下減。現在針對二氧化硫的排放有了所謂的可供交易許可方案的設計，這一類的電廠要嘛就負起責任減少它們電廠二氧化硫的排放量，要嘛就得向他廠購買排放的特許權利，在這種狀況下，控制二氧化硫排放總量不再增加的政府環保目標是極有可能被達成的事。

在這一個事例上，一項關乎電業法令鬆綁的指導性環保原則隱隱浮現檯面，那就是沒有一個電力業者應該依恃其製造對空氣、水源、土地或動植物棲息地的污染這些不負責任的作爲來取得他在經營上的競爭優勢。在目前的狀況下，電

力業者們至少已經為他們排放二氧化硫與氮氧化物而產生的地方性空氣污染及區間的酸雨問題支付出一定的代價，雖然他們仍舊未被全盤追究排放二氧化碳的責任，也不曾為他們在空氣中釋放出諸如水銀等重金屬物質而引發的相關效應負起應承擔起的社會責任。

除了煤炭與天然氣外，核能也是被日趨競爭性的電力市場高度影響的一種使用燃料。從環境保護的觀點來看，核能可以說是利弊參半、優缺點兼具的一種發電技術。一方面人們利用它來發電沒有產生二氧化碳、二氧化硫、氮氧化物、揮發性有機成份、一氧化碳、或是微粒子(*particulate*)等物質的廢氣排放問題，然而一旦核電廠發生事故，令人聞之色變的放射性物質將傳佈到空氣之中。正因為這種發生的機率雖說不高、一旦發生卻又嚴重致命的可能，加上如何去處理核電廠所生成的放射性核廢料的相關棘手問題，在環境保護領域中有關核能發電的利用評估論述是絕對和論議起燃燒化石性燃料的技術方面，有著天壤地別的巨大差距。譬如說一談起核能發電應否在國家未來整體能源供給上佔一席重要地位時，人們就因他們各別對於全球暖化、酸雨、城市都會的煙塵、核電廠事故與放射性核廢料的處理等等相關問題可能引致的危機為何，風險多大，而有著不同的答案。我們在這兒討論起這話題顯得有些不切實際，因為現實的實況是今天在全美各地，沒有一座新設的核電廠被允許設置興建，而且在電力業界法令鬆綁的大環境底下，人們所關心的環保課題之一是何時才能讓現在仍舊在運轉發電的舊核能電廠除役(*decommissioned*)。如此一來我們可以想見，當這些現存的核能發電廠越快關廠除役，空氣排放污染的情況也因電力的產製過程更加倚重燃燒化石性燃料、而非那些再生或節能的方式，勢必將更趨嚴重。另一方面，過早地讓現存核能發電廠除役也加速了相關部門介入解決處理大量放射性核廢料的迫切壓力。換個角度來想，設若這除役的過程可以稍緩，也許政府會面對更多一些的放射性核廢料，也增添了核電廠事故發生的風險危機，但改善處理核廢料機制的可能在科技嶄新月異的今天也不是全無實踐可能的事。

撇開前述三種以外的使用燃料與技術不談，很顯然的，全美可行的大型水力發電場址幾乎都已被政府開發利用了。而太陽與風力驅動的電能雖然不會排放惱人的污染廢氣，亦不需要耗費燃料成本來發電，時至今日爲止亦不過佔全美供電總量裡不到百分之一的比重。在全美電業市場法令鬆綁的情況下，在某些地方社區安置光生伏特發電板(*photovoltaic panels*)和風力驅動渦輪機(*wind turbines*)也許會具有一定程度的商業競爭價值。然而對於太陽能或者風能來說，它們最有潛在發揮空間的地方到底還是在那些開發中的國家。在那些國度裡，由於電力傳播和配置系統(*electricity grid*)要嘛不是稀薄缺少、要嘛不是根本不存在，這狀況讓建構全國性(*centralized*)燃燒化石性燃料的發電站變得較不經濟、乏利可圖。

另一項令人期待、新穎而乾淨的商業技術便是倚賴氫分子的化學反應變化，而非燃燒燃料來產製電能的燃料電池(*fuel cell*)。由於這類的技術足以提供鄰里規模的用電需求，它其實是極具潛在開發條件，足以讓現行的電力產業一易轉型成爲地方性質(*decentralized*)和較少帶來負面污染的產業。

如前所述，除了各別電廠所選用的燃料與技術外，第二項決定廢氣排放程度的因素便屬我們社會電能消費需求的總量了。在當前這種電力產製生成泰半仰賴燃燒化石性燃料的狀況下，很自然地，當我們用電量越大，電廠所釋放出來的廢氣污染也越多，偏偏電力業界的法令鬆綁又進一步地助長電力價格的下滑趨勢，工商業用電大戶在這一種狀況下更是受惠更多，因此我們不難想像，全美用電的消費量向上攀昇的可能發展，以及隨之而來廢氣排放的相應結果。

同樣的，較低廉的電價費率勢必也將減低各別消費者節約能源的意願。消費者們畢竟較為關心他們支付在提供其舒適便利生活服務的成本多寡，而較少關切他們究竟耗費掉多少能源量、或他們究竟花多少的錢購得每瓩時(*per kilowatt-hour*)的電力服務。我們人們都渴望能享受個熱淋浴澡和喝杯冰涼可樂，而不是關心什麼*Btu*稅和瓩時的玩藝。即令是那些裝置購買了*heat pump*、感應式控管照明設備、和時間控管式溫度調節裝置(*timer-controlled thermostat*)以在較低用電成本下取得更為舒適的服務的各別消費者們也絕少是發自環境保護的動機而有意識地如此作為，多半不過是意外地減少用電需求與降低電力耗費所對於環境產生的衝擊傷害。因此，當電力業界開始進行著體質重構整編的變化時，政府的環保決策者更應該找出辦法來，讓提供電力的公有服務設施不再僅僅只是單純銷售能源，而更是擴及服務面向的銷售。在過去那種電力業者壟斷區域服務和政府設定業者資本投資的報酬利潤的舊體制下，對一個提供電力服務的公有設施來說，它們最大的利益便在於如何儘可能的生產和銷售的瓩時電力。當這一套安排模式崩解為它者取代後，任何妨礙現存與新設供電設施間的自由競爭，以及阻撓能源開發公司擴張它們的體系與設備以改善消費服務並兼顧降低電力需求的因素都該被排除。也就是說，這樣一個促進零售面向商業競爭的體制重構模式才是我們政策上渴望達到的結論。

零售上的商業競爭將予以電能的銷售者機會去推銷販售諸如風力驅動電能與光生伏特這一類電能產製來源較少損及自然環境、通稱『綠色能源』（“*green energy*”）的電能商品。綠色能源這類的商品現在已經在全國各地許多實驗性質的電力零售競爭中推廣行銷。儘管它可能佔有的市場規模仍舊是個未知數，但可以想像的，它的潛在發揮空間並不可小覷。對於那些已然身體力行，實施再生利用的家庭和公司行號，我們要問那其中究竟有多少人願意支付等量、或者是約略多一些的金錢來購買綠色能源以點亮他們的家電設備和工廠機器呢？這樣的銷售行爲過去不過是受阻於舊日那種縱軸統合式中央管理與區間電力業者壟斷市場的狀況罷了，未來它也許會成爲美國資源再生利用的一個絕佳希望所在。

最後值得我們一提的是即使我們面對這樣一個重新建構的電力產業環境，由於受經濟經營規模的因素左右，衆所認定電力的傳送與分配，也就是所謂的電纜業界的經營事業，仍舊會是由政府介入管理的壟斷性產業。不過也正因如此，政府部門的相關管理執事者也就保有介入的機會，以使產業界操作過程中對環境產生的負面傷害與正面助益都有反應到電力產製體系中的可能。

組織機構

那些擔負起能源面向經濟管理重責大任的聯邦與各州管理委員會有必要進一步擴大其視野，以應付新時代所帶來的挑戰。在管理公用設施上，這一些委員會過去一直試圖扮演著一個隱而未見的市場角色，如今當能源市場逐漸穩定成熟定型之際，管理吏員理應呼應環境保護的需求，扮演好那個隱而未見的市場角色，以確保能源的供給者會爲他們在產製能源過程中所帶來對於環境本身的傷害付出該有的代價。

爲了支援地方當局或是州政府將能源生產外部成本納入能源銷售價格體系的努力，也爲了預防難以追訴補償的州際間污染，環境保護署便應該積極發展支撐決策的有效工具，好適切界定並分析各別污染對人體健康及自然生態體系所可能造成的實質影響與成本。同時，由於今日諸多重大的環境問題都具有全球性的特質，對環境保護署來說，爲準確反應出能源政策的實際成本與利益，和其他國家的相關對等機構、乃至於和適當的國際組織建立起合作夥伴的緊密關係便事屬關鍵迫切了。近來在能源部轄下所成立的一個獨立運作的能源資訊管理單位已彙集做出一些與能源市場相涉的高品質情報調查與分析。環境保護署亦理應循此模式，在其下設立一個帶有相當任務、以分析爲導向的局處才對。雖說這一新設單位會被要求以經濟的觀照點出發來評估能源生成過程對於環境帶來的衝擊，或是同一過程對人體及生態體系所帶來的危機，因此不免顯得責任艱鉅、運作困難，甚至有多少帶有些許的爭議性，然而從另一個角度來考量，聯邦政府不正明顯地需要些在政策層面中立卻又關聯相屬(*policy-neutral but policy-relevant*)的環境分析評估以爲決策依據，特別是我們如此仰賴透過將環境污染的傷害納編入能源銷售價格的作法來回應環境保護的課題。

原則上只要是情況許可，我們都應該以更具經營效益的市場導向政策來替換掉過去行之有年的那些具有管制支配性質的政策。然而當市場取向的能源環保政策實施起來不能切合實際，或者在政治操作面上不具實施的可能性時，我們仍應拾回舊日的方案，在那架構中爲追求較大可能的成本效益將它們重新予以修正改良，而不是僅僅勉爲其難地被動適應那操作的模式。下一個世代的能源政策必須是建基在透過諸種徵課的環保稅目、『可供交易許可』，和其他市場機制運作，而將包含環境的成本反應在能源的銷售價格體系的基礎來制定並執行。如此一來，更良善的環境品質與更具效率的運用能源必然也會相應而生。這一點的推論，隨著今日這種能源市場日益整合、日趨國際化、卻日漸擺脫政府直接涉入管理的情況看來，似乎也看起來越來越言之成理了！

------註釋------

1. Jose Goldemberg, "Energy and Environmental Politicies in Developed and Developing Countries," *Energy and the Environment in the twenty-first Century*, ed. Jefferson W. Tester et al. (cambridge: MIT Press, 1991).
2. Percentages for CO_2 based on data in U.S. Energy Information Administration, *Emissions of Greenhouse Gases in the United States* 1995, DOE/Eia-0573(35) (Washington, D.C.: Government Printing Office, 1995); percentages for other pollutants based on data in U.S. Environmental Protection Agency, *National Air Pollutant Emission Trends*, 1900-1994, 454-R-95-011 (Washington, D.C.: Government Printing Office, 1995).
3. Calculated from data in U.S. Energy Information Administration, *Annual energy Review* 1995 (Washington, D.C.: Government Printing Office, 1996). U.S. energy consumption for 1995 is about 90 quadrillion (10)Btu, or about one-quarter of total world energy consumption.
4. As individuals, we make our greatest contribution to pollution every time we pull out of the driveway. See chap. 12 for a discussion of next-generation policies to address transportation.
5. Calculations are based on data in Stacy C. Davis and David N. McFarlin, *Transportation energy Data Book: Edition* 16, ORNL-6898 (Oak Ridge, Tenn.: Oak Ridge National Laboratory, 1996).
6. In "A Cheaper Way to Clean Gasoline" (*POWER*

Notes, University of California Energy Institute [Fall 1996]), Severin borenstein and Steven Stoft argue for such a tax for a different reason-to mitigate price spikes in the California gasoline market.

7. Leon Jaroff et al., "Fuming over Gas Prices; Politicians Are Jumping to Intervene, But High Prices May Be the Result of Increasing Demand," *Time*, 13 May 1996.
8. "Moody's Downgardes EUA Cogenex Notes; Cites Countinuing Decline in Unility DSM," *Energy Services and Telecom Report*, 24 Oct. 1996.
9. U.S. Energy Information Administration, *Annual energy Review* 1995 (Washington, D.C.: Government Printing Office, 1996), table 8.2.

第七章 基於市場機制的環境政策

Robert Stavins and Bradley Whitehead

這並不是一個新的觀念。經濟學者已經提出利用市場影響力的建議，並經由決策者討論，且在二十年期間有限度的實施下以替代官僚許可的制度。它將可以成為環境政策的工具，但污染物標價的觀念仍未符合擁護者的希望。或它只是理論與實務間的瓦解？還是在經濟鼓舞下，轉變環境法令的努力，只是像唐吉訶德撲向風車一樣？或者應該繼續依賴更多代價昂貴的政策機制？相信以上問題的答案都是否定的！

市場機制行得通。事實上，市場機制在美國一些地方運作得非常好[1]。當然，一些所謂的經濟手段並非萬靈丹。因為不合實際的預期、政治意願的欠缺、設計的瑕疵、法令技術上的限制，以及經常發生來自可能受影響的產業界、社區和政府所丟出來的阻礙等，使得我們在要求企業或個人賠償他們對環境所造成的危害上，所得到的比應有的進展少，然而上述全部的問題都能夠被解決。在政府所有階層的決策者，應該結合私人企業與非政府組織，再次努力以發展與執行下一代的經濟誘因。

基於市場機制的手段，即透過價格變動而不是外加的命令去鼓勵適當環境行為的法規。如果適當地設計與執行，除了鼓勵企業與個人完成本身的財務目標外，同時也兼顧到廢棄物減量、潔淨水源、減少廢水的環保目的。在大多數的案例裡，市場機制設定某些總量目標，如某特殊污染物排放的減少總量，並聽任相關的個人與公司對於如何達到目標做出選擇[2]。

傳統規範環境的方法稱爲命令與控制式(*command-and-control*)法令[3]，相較之下，它不管此一責任下每個人的相對成本，而強迫履行相同的污染防治策略[4]。例如，法令可能限制一間公司對於某一污染源在特定期間內所能夠釋放到大氣中的量，甚至在實施時具體指定設置某種型式的污染防治裝置。但是要求每個人達到相同的目標，或者委託使用相同的減量設備，都會造成昂貴的代價，且在某些情況下將會產生不良的後果。雖然以命令的方式限制污染量能夠的得到成果，但通常代價相當高，且無法針對每家公司的個別狀況提供所需，導致無法鼓勵做得比現行法令要求還好，或者發展與實驗新的技術與設備以提高性能。最終的結果是減緩生產力和對法令效率的抱怨不斷，兩者皆貶抑了達到環境所得的投入。

市場機制把環保目標與企業的財務利益並列，除了滿足成本效益外，同時也提供有力的刺激使企業革新，並鼓勵採用較便宜且較佳的污染防治技術[5]，這將更有空間使經濟成長，或者使更嚴格的環境標準被採用。

市場機制的型態

用於環境規劃的市場機制的手段可分爲六個種類：

一、 污染付費制度

污染付費制度是對企業或業主製造出的污染量徵收費用或課稅[6]，此類「環保費用(*green fees*)」應該校正到實際的污染量，而非只是製造污染的活動。例如，發電廠的收費應該是以二氧化硫的單位釋放量爲計算標準，而非以單位發電量爲準。結果是，當電廠從事改善以減少污染到低於徵收費用或課稅的標準時，必然有其投資的價值。至於如何改善與如何合理的花費直到成本超過污染稅，則視產品設計、材料結構、設備年限和其他因素而定，且每間工廠的差異相當大。相較於強迫所有企業達到相同的污染減量標準，或者採用相同設備的結果，上述方法最後將會節省大量的污染防治成本。

訂定課稅額度當然是件麻煩的事情，因爲決策者不能夠確切得知業主對課稅標準的反應，所以無法預先知道付費標準對於污染減量的影響。然而近年來，稅賦或環保費用已成功地被應用在淘汰氟氯化物(*CFC*)與其它危害臭氧層(*ozone-layer-harming*)的化學產品，和利用隨袋徵收垃圾處理費，以改進都市廢棄物管理的實務。

二、交易許可制

交易許可制能夠得到污染付費制度的相同結果，但是卻可以避免預測成果的問題[7]。在這樣的制度下，決策者首先為企業、區域或國家訂定允許污染量的目標，製造污染的企業，透過銷售或拍賣取得容許總量下部份排放的許可證。當企業維持污染排放量低於被分配的額度時，它將可以售出本身排放量額度過剩的部分給其他的企業，或者可以抵銷同一企業的工廠本身內部其他工廠所超出的部分；超出允許排放額度的企業，必須購買其他企業的額度，或者將會面臨法律的處罰。在兩個案例裡，企業盡其所能有效地減少污染排放量，都是為了財務利益上的考量。

目前有一些應用交易計畫而成功的案例。在1980年代，環保署(*EPA*)展開一項金屬鉛存款(*lead credit*)計畫，計畫中允許當石油成品內鉛含量減少至先前標準的10%時，石油提煉者在排放標準上將有較大的彈性[8]。假設提煉者在任何時期均生產低於所需鉛含量的石油，則他們將賺得鉛金屬的存款，這存款將可以儲存為未來之用，或立即與競爭對手交易。在與替代方案比較下，環保署評估鉛金屬儲存與交易計畫每年節省了業界(與消費者)大約兩億五千萬美元，並加速減少石油內的鉛金屬。

交易許可制是1990年潔淨空氣法案修正案中，有關酸雨條款的中心主題，該法令中規定以1980年代的排放量為標準，應減少的二氧化硫(SO_2)與氮氧化物(NO_x)的排放量分別為一千萬噸與兩百萬噸[9]。如同十四章詳細討論的內容，電力公司每年接受允許它們排放特定數量二氧化硫的配額，因減少排放量而低於原先配額下所得的餘額，將可予以出

售。許可制健全的市場已經浮現，且相較於命令與控制式法令的方式，評估每年將有十億美元的儲金[10]。

從另一個案例來說，在南加州已有超過350家的公司目前正參與交易許可計畫，以設法減低洛杉磯地區氮氧化物及二氧化硫的排放量。地區性潔淨空氣獎勵市場(*The Regional Clean Air Incentives Market, RECLAIM*)計畫的運作是透過發布交易許可，該許可指定並認可污染物逐漸減少的程度。在1996年年中時，參與者已經交易超過十萬噸氮氧化物與二氧化硫的排放量，它的價值超過一千萬美元[11]。有關當局目前正考慮擴大此項計畫，以允許固定(工廠)與移動污染源(汽車與貨車)間的交易。

三、 押金返還制度

因爲九個州級「瓶子法案(*bottle bills*)」已經被運用在減少飲料容器的廢棄物，所以押金返還制度對許多消費者而言是相當的熟悉。當消費者購買潛在可能造成污染的產品時，必須付出額外的費用，並且在回收或適當處理該產品後，歸還原有額外的費用[12]。雖然飲料容器押金是常見的運用，一些已經針對鉛酸電池與其它項目開始實施押金制度。

四、 降低市場障礙

降低市場障礙也能夠幫助抑制污染。以水權爲例，使得它容易被交易的標準，可促進較有效率的配給與珍貴水源的使用[13]。特別是在加州，藉由建立水權市場，水源配給已經獲得相當大的提升。

五、 排除政府補貼

排除政府補貼能夠促進經濟發展，更有效率與環境正確的資源消費。例如，低於成本的價格販售木材，將會助長過度的原木砍伐。同樣的情況發生在加州的中央地谷，聯邦水資源計畫在那裡提供了低於市場成本價格的水源給農民，助長了灌溉浪費的習慣及阻止了水源的保存。在這些案例裡，市場價格將防止浪費或促進較佳的環境習慣。

六、 提供公共資訊

最後，藉由讓消費者獲得更多的資訊，使大眾可以做更有啓發的購買政策，並鼓勵企業對環境的關注，如此將能夠提升環境的工作。公佈廢棄物排放到空氣、水源和土地中的毒物排放清單(*The Toxic Release Inventory*)已經成爲一項有用的工具，以促使企業減少它們的排放量[14]。然後，將「無害於海豚(*dolphin-safe*)」標示在鮪魚罐頭的活動，也使得在美國導致海豚意外但大量死亡的鮪魚捕捉方法幾乎消失了[15]。

實施的障礙

儘管許多成功的特殊計畫正在進行，經濟的手段也只有在一小部分的新法令與一些不重要的既有法令中被運用，我們必須問：爲什麼市場機制似乎很少獲得青睞？最明顯的理

由是缺乏大量新的環保法令。潔淨空氣法案與安全飲用水法案，是自1990年來重新認可的唯一主要的環保法令，甚至當國會已經願意考量市場機制的方法來設立新的法案，但仍然願意替代目前已有14,310頁的聯邦法律法典(*code of Federal Resulations*)中的方法，同時大部分環保署人員被雇用去管理命令與控制(*command-and-control*)式的計畫。同時，大部份*EPA*雇用來執行命令與控制計畫的人，可能對變換跑道可能感到遲疑。傳統法令中的執法者必須擁有技術或以法律爲基礎的技巧，而市場機制的方法所需要的是經濟方針。

許多環境組織也對推動法令以朝向市場機制的方法感到猶豫。一些團體擔心增加環境法令的彈性將可能造成整體環境標準的降低，其他的團體則相信市場機制寬恕了「污染的權利(*right to pollute*)」，並且傳統的政府授權有較高的道德說服力。最後，一些立場與政府類似的環境專家的反對理由，也僅僅是擔心以往處理命令與控制式規劃的經驗與技術將會消失。

政府官員與環境專家的矛盾心理是一般受規範民眾的眞實寫照。許多企業和公司因爲靈活性與成本效益的考量，在觀念上鼓勵市場機制的方法[16]，但以實際的情形來看，大部份的企業並未針對前述方法的熱心進行國會的遊說工作，但無論方法是如何地靈活或具有成本效益，他們的遲疑來自不願意推動法規。或許由經驗可以得知，企業所擔心的是眞正實施後無法達到預期的成本效益，或是方案實施後遊戲規則將會改變。

從政治經濟的觀點來看，私人企業有可能寧願選擇命令與控制的規範，而非許可制拍賣或課稅的方式[17]，這是因爲如果加上新污染的嚴格要求，舊標準才能夠維持經濟效益[18]；相較之下，企業在許可制拍賣或課稅方式下所需付出的，不僅是將污染減低到指定程度的成本，還包含將污染提升到該標準的成本。命令與控制的規範可能因爲幾個原因而受立法者青睞，其中包含立法者的經驗和過去所受的教育，使他們習慣於直接規範而非市場機制的方式；由於市場機制的方式必須花費時間去熟悉與學習，因此代表著需要更多的機會成本而強調效果；命令與控制的標準傾向於隱藏污染防治的成本，並且它可能給予較多政治象徵的機會。

還有，受到差別待遇的人們可能被預期要求改變。例如，幾個生產高含硫量煤礦的州試圖曲解酸雨交易計畫，而強迫企業安裝高成本的洗滌器，而不是改用其它州較經濟的低硫煤礦。在這同時，幾個中西部的燃煤電廠要求並收到「補貼(*bonus*)」許可。此外，投資數百萬美元資金以符合現今污染防治要求的企業，對於任何政策的改變均可能需要投入更高的成本，或導致現在的股價貶值。進一步來說，爲了使企業最佳化環境投資，法令不僅必須靈活，並且具有可預測性。

爲求得與全國反法規風氣的一致性，許多公司寧願反對任何的法令，也不願意尋求更好的法令。幾個環境敏感的產業目前主張支持自發性產業方案，而不願意接受強迫性的法令。例如，化工產業已經發展責任管理(*Responsible Care*)規則，它指明排除密集法令的需要；石化與造紙產業也有類似的提議。這股導向這些計畫的力量，已經被轉移而遠離經濟獎勵的方式。

市場機制的部份問題是消費者通常是看不見它的好處，

但是加上去的費用或稅徵太明顯。例如，雖然已經成功地使用市場機制的規則逐步淘汰鉛金屬與減少酸雨，而不再是命令與控制的方式，但油電價格是否低於合理的價格並不明顯。另外，對於吝於將錢拿出口袋的人來說，長途旅程駕駛必須付出較高燃料稅的經濟手段，毫無疑問的將無法吸引他們的興趣。

進一步而言，並非經常有企業設有內部的獎勵制度，以鼓勵利用市場機制規則的經理人。在許多公司，環境的成本並未被完全的估算，並且未向產生該項成本的單位索取費用；甚而，許多環境部門人員的首要工作是迴避問題與風險管理，而非試圖去建立一套有競爭力的環境決策。除非公司文化改變，否則市場機制的成本效益與刺激技術提升的轉變將無法實現。

下一代的市場機制

我們不應該爲了現在有限的經濟誘因的使用，而放棄或不強調將市場機制做爲下一代政策的選擇，反而，我們應該使價格成爲環境政策工具的重點。在美國每年有超過一千四百億美元花費在污染的管理與整治上，環境決策者需要去尋求更有效率的工具，以成本的觀念來維持與提升環境品質，我們不能夠失去使用降低成本與促進較佳技術的機會。長期來說，民衆對於環境的支持，仰賴著他們所投入的資金可以得到好的回收。

有助於市場機制得到較高接受度的第一步，是提升計畫的設計，它必須反制私人企業的阻力，並設法排除環保團體和其他反對者的恐懼，且確認所節省的成本與原先的預估是否很接近。實現上述方法後，代表我們認識到市場機制不是可以解決所有的環境問題，但是它們確實是政策方法中有用的一員，而且不可否認的，一些環保問題仍然繼續需要透過命令與控制的方法，才能夠完成。另外，市場力量的獨立作用或產業自發性方案的實施，或許足以解決其他的問題，但是當需要法令時，反映環境危害的價格動機應該是第一個被考慮的選擇。

涵蓋一切的計畫目標應該做到使法令的規則是基於更能預期的經濟方法，這將需要穩定的規則、污染控制目標的週延調整，以及長期執行方案的可靠承諾。另外，市場機制的方法應該盡可能做到最大的成本節約，並減少處置與管理的成本。基於計畫內所給予的權利應予以保護，且必須維持競爭市場的環境，參與的誘因也必須明確。當有關環境危害的知識改變或者來自政治壓力要求對市場機制重新審視，必須確保這樣的過渡期不會降低規劃的效率。

在設計上的改變之外，運用市場機制的方法應該超越聯邦政府的層級，而直接到達州政府與地方當局，雖然聯邦政府對於環境控制所付出的費用均持續高於州政府。以1991年爲例，聯邦政府在環境與自然資源的規劃上大約花費一百八十二億美元，相較於州政府大約爲九十六億美元，兩者差距漸漸接近。

在州與地方層級裡，既存最主要獎勵市場機制中的一項

一即一般許可程序(*general permitting process*)被認爲不屬於環境範圍。核發都市規劃、建築、污染排放等許可所需要的時間，對州政府與地方政府而言是一大挑戰，同時也是新設立或成長中企業挫敗的來源。某些州已經發展計畫，將獎勵納入到既存核准與審驗的架構中。例如，許可申請的加速評估，經常是以企業選擇參與新污染防治計畫的方式完成。雖然不算是嚴格的市場機制，但「利用簡單的方法以鼓勵企業達到環保的目的」這句話，可具體化下一代環境政策的精神。

市場機制的方法也能夠使用在大部分州與地方均會發生的環境爭議，包含廢棄物管理、土地使用、空氣品質提升等項目。例如，都市大部份固體廢棄物的核心問題，在於廢棄物收集與處理的眞實成本無法轉移給消費者與污染者，事實上這些成本時常隱含在產權與稅賦內。一些市政當局強調在每半年一次的財產稅估算中，內含廢棄物收集的費用。然而，這樣的徵收計費方式並非依據個人實際所製造廢棄物的數量爲基準，所以並無法刺激使用者的垃圾減量。單位標價的方式改正上述方法的缺點。該制度中，家庭廢棄物收集服務的收費比例於垃圾的數量，單位價格把每每戶費用與收集處理的眞正費用連結在一起。不論是藉由改變購買的物品、重複使用產品與包裝容器、或設堆肥場以作爲花園的肥料等，都將使得每個家庭有個動機來從事垃圾減量的工作。然而，假使市政當局對垃圾未分類者收取額外的費用，將可以刺激居民從事垃圾中可回收物品的分類工作。

單位付費不能夠解決所有固態廢棄物的問題，因爲它無法適用在公寓大樓的部分。低收入的家庭無法負擔不成比例的垃圾收集費用，所以需要「生命線(*lifeline*)」式的收費方式來從事補助。假如不能夠適當的組織計畫，非法的傾倒就會成爲問題[19]。然而，這種方法以最小的不便達到了成本效益。這類計畫從1989年的一百個，到現在如春筍般出現到三千多個[20]。

市場機制的方法也能夠促進環境保護與地方經濟成長的平衡。當經濟與人口持續成長，大部分的環境問題將與土地過度的使用結合在一起。土地導向的可交易許可計畫已經在幾個州被採用，包含紐澤西(*New Tersey*)、佛羅里達(*Florida*)、加州(*California*)等州。1993年佛羅里達州創辦節制溼地的銀行業務計畫，以允許該州與五個地區的水資源管理區發出許可證給溼地的所有權人，使其成爲「節制銀行業者(*mitigation bankers*)」[21]。個別的開發者被要求購買銀行業者的信用，以補償開發時潛藏的環境危害，而此銀行業者會同意維持並經常改善他們的溼地；那些因爲開發而縮減大量濕地的人們，提供資源以擴張生態系統中的其他溼地。在計畫被正式創辦之前，一群企業家設立佛羅里達溼地銀行(*Florida Wetlands Bank*)，該銀行銷售受節制的信用每英畝四萬五千美元，並使用部分的收益以改進退化的溼地。

當市場機制方法的運用在州與地方層級被採用運作時，聯邦層級的決策者也應該朝向採用新的獎勵計畫。在有危險廢棄物的領域，押金返還計畫不僅提供獎勵來減少大量的廢棄物，而且也改變處理的體系。儘管環保署設有垃圾場建造與焚化爐運轉的相關規定，來自於蓄電池的大量鉛金屬仍被送往垃圾場掩埋與焚化爐焚燒，這樣的處理方式仍然可能造成重大的危害。含鉛蓄電池的回收數目正逐年遞減中，每年

有超過兩千萬的數量進入廢棄物的洪流中，而且在2000年數量將增加30%。在押金返還制度下，他們再把成本轉到汽車購買者身上[22]。當被使用過的蓄電池到達回收中心，此時押金將被返還，且主管當局將予以補償。雖然一些州已經開始這樣的計畫，但是以全國性市場與規模經濟來考量，聯邦層級的單一性組織是更好的選擇。

市場機制對全球層面也是有用的，特別在反映擴散源所引起的問題。例如，假使美國決定參與一項國際性的協議，以減少造成全球性溫室效應的氣體的擴散，爲了滿足降低擴散的目的，課徵碳稅(*carbon tax*)可能是最有效且最便宜的方式。藉由以燃料中含碳量爲基礎的收費與給予創造碳吸收槽(*sinks*)的人稅額抵免(*tax credits*)，可以改變價格訊息，因此市場機制的法規系統將氣候改變的潛在成本內部化。較高的價格將會降低化石燃料的需求，因而減少二氧化碳的擴散，且將刺激新的減碳技術的發展。進一步而言，經過適當規畫且收入中立的稅賦政策，允許以薪資或其他稅抵減碳稅，此舉將有助於保護環境，減少因與其它稅收結合所造成的意義扭曲和失真，並促進經濟發展，使得減少溫室效應氣體擴散的計劃是政治上令人愉快的事。

藉由改變組織的心態，發展新穎及必要的技術，與克服有時互相競爭間利益團體的阻力，我們能夠使用使市場機制的方法爲共同利益服務並將環境政策帶入21世紀。假如符合成本效益的法令對環境政策決策者是重要的優先法案，而且它必須在公私雙方預算都很緊的眞實世界中，那麼我們不能忽略藉由市場力量去保護環境的絕佳機會。

——註釋——

1. Janet Milne and Susan Hasson, *Environmental Taxes in New England: An Inventory of Environmental Tax and Fee mechanisms enacted by the New England States and New York* (South Royalton: Environmental Law Ceter at Vermont Law School, 1996).
2. See, for example, Robert Stavins, ed., *Project 88-Round II Incentives for Action: Designing Market-Based Environmental Strategies* (Washington, D.C.: Government Printing Office, May 1991); and Robert Stavins, ed., *Project 88: Harnessing Market Forces to Protect Our Environment* (Washington, D.C., December 1988). Both studies were sponsored by Sen. Timothy E. Wirth, Colorado, and Sen. John Heinz, Pennsylvania.
3. There is something of a countinuum from a pure market-based instrument to a pure command-and-control instrument, with many hybrids falling between. Nevertheles, for ease of exposition, it is convenient to consider these two fundamental categories. See Robert Hahn and Robert Stavins, "Incentive-Based Environmental Regulation: A New Era from an Old Idea?" *Ecology Law Quarterly* 18 (1991): 1-42.
4. For a detailed case-by-case description of the use of command-and-Control instruments, see P. R. Porteny, ed., *Public Policies for Environmental Protection* (Washington, D.C.: Resources for the Future, 1990).

5. For an empirical analysis of the dynamic incentives for technological change under different policy instruments, see Adam B. Jaffe and Robert Stavins, "Dynamic Incentives of Environmental Regulations: The Effects of Alternative Policy Instruments on Technology Diffusion" *Journal of Environmental Economics and Management* 29 (1995): S43-S63. This paper develops a general approach for comparing the impact of policies on technology diffusion and applies it to the most frequently considered policy instruments for global climate change.
6. A. C. Pigou is generally credited with developing the idea of a corrective tax to discourage activies that generate externalities, such as environmental pollution. See A. C. Pigou, *The Economics of Welfare*, 4th ed. (London: Macmillan, 1938). For a modern discussion of the concept and a number of case examples see Robert Repetto et al., *Green Fees: How a Tax Shift Can Work for the Environment and the Economy* (Washington, D.C.: World Resouces Institute, 1993).
7. See Robert Hahn and Roger Noll, "Designing a Market for Tradeable Permits," in *Reform of Environmental Regulation*, ed. W. Magat (Cambridge, Mass.: Ballinger, 1982).Much of the literature on tradeable permits can actually be traced to Coase's treatment of negotiated solutions to externality problems. See generally Ronald Coase, "The Problem of Social Cost," *Journal of Law and Economics 3* (1960): 1-44.
8. In each year of the program, more than 60 percent of the lead added to gasoline was associated with

traded lead credits. See Robert Hahn and Gordon L. Hester, "Marketable Permits: Lessons for Theory and Practice," *Ecology Law Quarterly* 16 (1989): 361-406.

9.For a description of the legislation, see Brian L. Ferrall, "The Clean Air Act Amendments of 1990 and the Use of Market Forces to Control sulfur Dioxide Emissions," *Harvard Journal on Legislation* 28 (1991): 235-52.

10.See Dallas Burtraw, "Cost Savings sans Allowance Trades? Evaluating the SO_2 Emission Trading Program to Date," Discussion Paper 95-130 (Washington, D.C.: Resources for the Future, September 1995); and Elizabeth M. Bailey, "Allowance Trading Activity and State Regulatory Rulings: Evidence from the U.S.Acid Rain Program," MIT-PAPER 96-002 WP (Cambridge: Center for Energy and Environmental Policy Research, MIT, 1996).

11.For a detailed case study of the evolution of the use of economic incentives in the SCAQD, see NAPA, *The Environment Goes to Market: The Implementation of Economic Incentives for Pollution Control* (Washington, D.C.: NAPA, July 1994), chap. 2. Recent implementation problems with the RECLAIM program, however, illustrate a point we emphasize throughout the chapter: for a host of reasons, actual applications of market-based instruments tend not to perform up to the standards that the simplest analysis might anticipate.

12.See P. Bohm, *Desposit-Refund Systems: Theory and Applications to Environmental, Conservation, and*

Consumer Policy (Baltimore: Published for Resources for the Future, in the Johns Hopkins University Press, 1981). Peter S. Menell, "Beyond the Throwaway Society: An Incentive Approach to Regulating Municipal Solid Waste," *Ecology Law Quarterly* 17, no.4 (1990): 655-739.

13. See W. R. Z. Willey and Thomas J. Graff, "Federal Water Policy in the United States-An Agenda for Economic and Environmental Reform," *Columbia Journal of Environmental Law* 1988: 349-51.

14. See James T. Hamilton, "Pollution as News: Media and Stock Market Reactions to the Toxics Release Inventory Data," *Journal of Environmental Economics and Management* 28 (1995): 95-113; and EPA, 1994 *Toxic Release Inventory: Public Data Release* (Washington D.C.: EPA, January 1996).

15. See Daniel C. Esty, *Greening the GATT* (Washington, D.C.: Institute for International Economics, 1994).

16. There have been some genuine enthusiasts for market mechanisms. See Stephan Schmidheiny with the Business Council for Sustainable Development, *Changing Course: A Global Business Perspective on Development and the Environment* (Cambridge: MIT Press, 1992).

17. See Nathaniel O. Keohane, Richard L. Revesz, and Robert Stavins, "The Positive Political Economy of Instrument Choice in Environmental Policy," paper pressented at the Allied Social Science Associations meeting, New Orleans, Jan. 4-6, 1997.

18. "Economic rent" is that part of an indvidual's

or firm's income which is in excess of the minimum amouont necessary to keep that person or firm in its given occupation. It is sometimes thought of as above-normal profits, such as those that accrue to a monopolist or the owner of a scare resource.

19. See Don Fullerton and Thomas C. Kinnaman, "Household Responses to Pricing Garbage by the Bag," *American Economic Review* 86 (1996): 971-84.
20. See Lisa A. Skumatz, "Beyond Case Studies: Quantitative Effects of Recyling and Varible Rates Programs," *Resource Recycling*, September 1996: 62-68.
21. See William Fulton, "The Big Green Bazaar," *Governing Magazine* (Jane 1996): 38.
22. See Hilary A. Sigman, "A Comparison of Policies for Lead Recycling," *RAND Journal of Economics* 26 (1995):452-78.

第八章　科技的創新與環境的進展

Jhon T. Preston

自從工業革命，我們的環境面臨兩大趨勢的壓力。首先，世界人口的成長已經到達無法再將某些廢棄物任意地和安全地拋棄。其次，科技提供我們工具－從車子到礦藏到收割機－從事自然環境的開發因而改善我們的生活。但是，這些科技都有副作用－污染、破壞自然（動、植物），棲息地、土地的浸蝕－造成生活品質的危害。儘管科技在過去是毀譽參半，它可能是代表未來對環境改善最有希望的途徑。

科技的進步使得排放物的控制變得便宜且更有效。新發明同時也幫助我們辨識新的，較不污染的方法從事生產、分配和消費產品。即使，科技似乎與環境完全無關聯，像是透過網路取得訊息，它（科技）提供了重大環境進步的潛力、實際上，一個在科技上繁複且資訊集中的社會提供了較不依賴物質資源的消耗和較不依靠從事污染活動的承諾。因此，發明的愈快速，愈能加速減少污染。

因此，在下個年代我們必須將政策的制定集中在鼓勵新發明和鋪設一條能快速地採用對環境有助益的科技的道路。對加速科技的革新以及將新的構思成功地予以商業上的應用，可以藉由政府的干預、工業的研究與開發和企業家的熱忱而將之加速導引入一般正常的方向。汽車廢氣排放的案例提供了科技的駕駛者驅使者(政府、工作和企業)三方面在對環境有益的科技革新，被感覺到重要的例子。汽車尾管的排

放標準是經由美國國會刻意的制定，其標準是超越立法當時科技的能力。這些以廢氣排放表現爲基礎的規則導致商業應用觸媒轉換器的科技和逐漸淘汰含鉛汽油的使用。石油公司現在採用從汽車公司的研究成果，重新調配汽油而證實了內燃的方法比過去對環境較爲友善。最後，大部分經由規則的驅動（使），使得其它替 代燃料選擇性的車子市場上對企業家產生了商機[1]。今天，對在商業可行性高的電動汽車的生產和其它低甚至是零污染的交通工具正熾熱地展開競賽。

我們有強力的證據來對於較友善環境科技的發展運用保持樂觀。在過去的十年，化學工業已減少50%有毒物質的排放，然而在此同時卻倍增其產能。相似但較不戲劇地結果也發生在幾乎所有的工業上，從紙張到太空宇宙，甚至一些較不明顯的工業，如銀行業和保險業。結合任何可以改善環境的新科技的動力來自各方面。

有些改善是單純地藉由運用良好的工程實務操作來驅使。例如：在美國有超過10%的甲烷（天然氣）在管線的運輸過程中被洩漏到大氣中，導致溫室效應和全球暖化。在西歐和美國，相對比較的漏失大略爲1%。藉由運用科技來偵測和修補漏洞，除了有明顯的環境收益，而且在可不用挖掘新的井之下，在經濟上也有增加10%的產能。

在商業操作上的改良同樣地引導我們了解爲何提昇環境的科技是如此地重要。例如：對於*AMOCO*原油提煉的管理經營者而言，原先估計環境的考量佔工廠操作成本的3%。但在使用者較佳的成本會計方法，經過仔細的研究，卻透露環境成本實際上佔超過運作煉油廠整個成本的20%[2]。我們經常發現當所有的因素被考慮時，污染的成本往往較高於原先的

估計。這意味著在科技上的投資用以減少污染能夠提供公司比原先預期較快的報酬，換言之，具有較短的回收期。

不僅在商業上，現在政府也開始認知到環境破壞的實際成本並且必須快速地採用科技的解決方法。最近，一個在美國的研究指出空氣污染導致每年六萬人死亡－超過每年死於交通意外事故的人並且比起在整個死於越戰的美國人來的多。智利的政府則量化健康的成本其肇因於聖地牙哥被污染的空氣，其政府並且發現在冬季的時候，幾乎三千五百名的小孩每天需要接受由於氣管疾病的治療。由於藉著認知到由於污染的效應需造成花費數十億元的治療費用，智利開始了解到投資於環境改善的經濟價值。

最後，來自環保團體，消費者和政府管理者的壓力激發了許多的改變。企業領導者想要保有他們在社區的形象和維持與消費者和供應者的良好關係。當這些關係面臨被危害時，變化會迅速地產生－本質而言，縮短回收的期限。例如：三菱由於某一子公司使用會破壞雨林的操作，其產品遭到杯葛；三菱迅速介入干涉，促使其子公司採用新科技來減少對環境的影響。[3]

環境科技的範疇

國家科學和科技評議會，將環境科技區分爲四大類。監控和評估科技來追蹤環境的狀況和排放到環境的有毒釋放。

避免的科技透過生產製程處理的革新和污染防治來減少環境的危害。控制的科技來避免有害物質進入環境治療和修復的科技在環境受到人爲或自然的危害之後，予以改善。

監控和評估的科技

由於工程和科學進展的結果，我們對於監測小量排放物與其來源關係的能力已經穩定地予以改善了。我們同時學習到更多由於環境污染所引起的健康效應。例如：科技的發展使得我們能夠精確地指出人類細胞突變的原因。因此，首度，我們能夠將癌症的環境因素予以量化。監控科技同時被使用於控制交通阻塞和減少食物生產時所添加的化學物質。

避免的科技

這類科技的範疇從製造模型，到減少來源，至物質替代。在設計的過程通常使用製造模型是用以預測一個新產品的成本、抗壓力、品質、安全性、耐久性和製造之可能性。關聯此類製造模型，具有一個有趣的環境影響：原型並非全部必須被製造與測試，其不僅節省金錢，同時也節省材料與能源[4]。然而，現階段部份機構組織已開始利用製造模型來預測對環境得影響。美國的海軍目前對於新的船艦的設計時，會將對環境的影響予以模型化，使得早期製造的過程時，對於計畫的改善費用支出較便宜。從一個產品被製造，消耗到拋棄之整個預期的生命週期，當環境的成本被應用的愈完全，此類模型的使用將會隨之增加。

新產品或生產過程的聰明設計可減少能源和材質的使

用。迅速產生正面的結果。例如：新的半導體晶片較快速較具力量然而使用較少能源。車子變得更安全較輕卻使用更少的資源，包括使用複合材質取代鋼鐵。同時，我們見到愈多的例子利用對環境無害的材質。例如：在電池中鋰(的使用)用以取代鎳來減少電池被拋棄時因含重金屬造成對土地的污染。從1980到1990，由於科技的誘導而減少污染已呈現戲劇化的成效，四周的鉛含量被減少88%（主因由於汽油中鉛的移除），微粒子減少21%，一氧化碳減少31%，揮發有機物質（化合物）減少15%，硫氧化物減少35%。

控制的科技

藉由目前市場營收的檢測，用以控制空氣、水和廢棄物的端末處理科技佔整個環境科技的大部分。在過去十年之中，一個令人興奮的趨勢，過去被認爲是廢棄物如今可用，如關於海的產生。一家公司則是將有毒物質注入鑄造的金屬槽，經由觸媒化將廢棄物斷裂成其本身的元素，之後被使用製成商品。另外的一家公司則是開發在使用瀝青於高速公路的方法。這種方法不僅允許再使用瀝青，同時減少建設一哩長公路所需支原油量，從一百桶至僅需三桶。

治療和修復的科技

科技是被使用來修補已遭污染的位置。目前正在審查的技術是利用滲透將廢棄物驅入一個較小之區域，或防止廢棄物被滲入水源。在其他尚在實驗的，如重水被使用來斷裂有機廢棄物成二氧化碳和無害的殘留物，同時，植物被設計成用來吸收重金屬並且將輻射同位素打入植物的纖維素（質）中。當這些植物被收割時，污染被濃縮成植物生物量的小部分而非大量地存於土壤中。

環境科技的問題

儘管在公司企業、大專院校和國際性的實驗室，科技能夠解決嚴重的環境問題但卻無法被迅速地、全球性地採用。我們無法將環境科技予以商業化，原因爲：(1)政府的補助金造成過度使用於特定的資源，特別是能源和水，其不利於科技的革新。(2)我們目前的規則結構對於污染者罰款過低，同時也減低創新者開發或採用乾淨科技的誘因。(3)新發明的革新並非自始至終於科技開發過程中之任何不同階段持續性地得到幫助。(4)資本市場對於環境科技革新的長期風險，規則的不確定性，和市場的分裂裹足不前。

政府補助金

補助的整體效果反而是刺激對於老舊的科技過多的消費。假如我們希望改革者來解決環境問題，這剛好是錯誤的結果。關於水而言，世界銀行估計每年超過500億美元被使用補助於全球的水的消耗。就美國單獨而言，一年灌溉的補助爲25億美元。水的補助降低水供給，公共衛生和灌溉的成

本，同時也使得更多的人口能夠支付而取用水。然而，效果卻是複雜的，更重要的是，水被浪費，同時水的保存科技卻沒受到鼓勵。

一個特殊問題的例子爲當代的企業家嘗試開發一種將水保存於表層土的科技。原型的產品爲一種噴霧器，它能封住土壤避免蒸發。淨效果能減少需水量的2/3。假設每英畝的成本將被降低爲367美元（200美金+500美金的1/3），然而，政府的補助是建立在水耗費的量，因而它（補助）也降低了2/3。結果對於農夫的成長變得比原來的更多。現在，新科技的開發者必須說服政府幫助科技開發而非對納稅者。因此，這項新科技面臨幾乎無法有銷路。

甚至更多的錢被花費來補助能源：世界銀行估計總合超過四千五百億美金。不令人驚訝，能源的問題異形更大。在美國，每年對於石化燃料及核能的補助爲270億美金，額外30億美金用於補助可更新的資源，主要是水力發電。更甚的是，對於石化燃料的總補助並不包括一個事實，那就是比起世界的其它地方，在美國對於這些燃料的課稅較低的多。

上述情況的效應就是在美國每石化燃料的消耗比起任何其他國家來得高，因爲燃燒石化燃料，結果造成二氧化碳被排放及其他環境問題。同時，燃料補助延遲較具競爭力，較少環境破壞的科技開發。因而新的科技不僅必須比石化燃料來得便宜，同時亦必須比因補助之後在降低價格之石化燃料來得便宜。在1970年代，石油震撼之時，美國政府也提供對太陽能、風力和其他可更新能源的補助。但是這些之後又被放棄了，獨留石化燃料接受政府提供（補助）的競爭優勢。

污染者罰鍰過低

對於製造污染的人施於不足額的罰款同樣產生如補助的相同問題。例如：在大氣中之塵埃粒子是引起從氣喘至癌症的原因之一。每年，因污染而引起的死亡、疾病，失業的社會成本為數十億美金[5]。現階段，廢棄物產生者並未被評估因製組污染而引發疾病的所有（完全）成本。這導致整個廢棄物的過度產生並且阻礙創新的科技。例如：假如一個廢棄物產生者每噸的微粒排放被罰100美金，那麼污染者可能願意支付99美金用於減少污染的科技。當經濟的好處為最高時，創新就會發生。市場本身不會帶動革新，除非污染的成本被眞實地反應在市場價格。

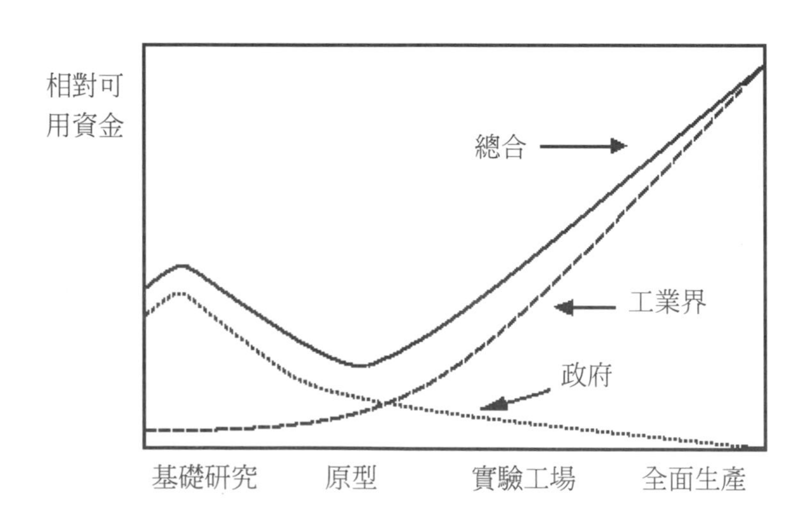

圖8-1　公共與私人部分對於創新科技資助的分歧

資金缺口

在美國，政府資助大部分的基礎研究，然而工業界資助科技大規模產品化的最後階段。問題是，再小量生產階段或最初建立實驗工廠時，卻缺乏資金來証明大量生產的可行性。圖8-1顯示，資金缺口發生在科技被商業化時的最重要時刻－投資者願意承擔風險投資之前及政府官員決論該計劃目前已過於商業化而不願再資助之後。淨結果是科技開發的中程階段缺乏了投資者。在圖中，這些階段包含建立原型模型、實驗工廠，此兩者構成了該科技是否符合市場最終需求的最初經濟實驗。

使用有害廢棄物的例子來分析與環境科技有關的資金缺口問題，產生了一些有趣的結論，我們可以將廢棄物分成兩類：（1）美國政府產生之有害廢棄物或工業有害廢棄物能夠借用同樣於政府處理廢棄物的科技方法予以處理。（2）所有其他廢棄物。此區別的理由爲美國政府付費去清除其所產生之有害廢棄物－從在冷戰時期所生產之武器，美國國家室所產生之輻射廢棄物，或是與防衛有關之廢棄物，像是神經氣和炸藥。關於這些政府產生之廢棄物，聯邦政府從最初研究至完全操作的所有階段。對補救的科技都予以資金椲注(如圖8-2顯示)。

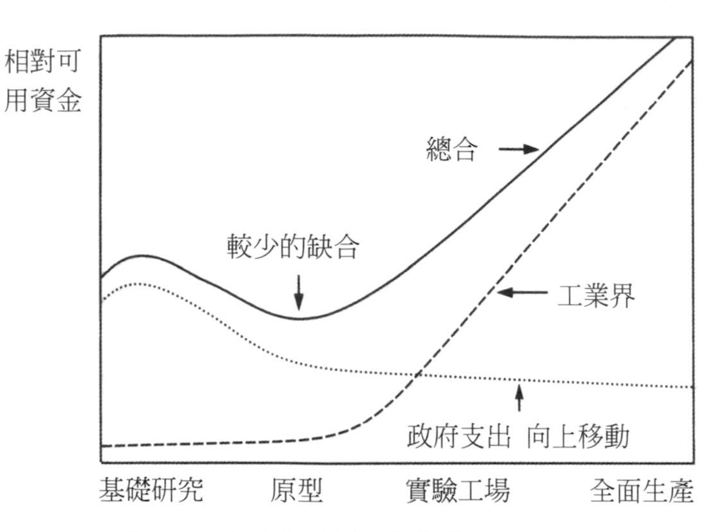

圖8-2 政府投資去彌補資金缺口的結果

一些（核能工業和化學工業）因政府投資而受益之研發個案應用到產生廢棄物。這些處置方法像是廢棄物分類和分解廢棄物成元素都受到政府之支持並且具工業應用。然而，很多環境科技並不包含於政府產生之廢棄物，因此並且對於吸引資金椲注和商業化較具艱困。在 *Green Gold* 一書中科提斯・莫而和艾倫・米勒描述一家接著一家之公司從事環境科技，然而，不能夠得到美國政府足夠之財助，最終都移至海外研發[6]。沒有資金缺口之問題使得目前歐洲公司在空氣淨化具主要的優勢位置。另外一個例子是叫做“溼氣化“之科技，含有害廢棄物之水被加壓及加熱至超臨界狀態，此時，反應發生，廢棄物被打斷，形成無害的副產物。這項科技由麻省理工學院執牛耳先鋒，但因爲資源缺口之問題，此項科技最早被應用於德國。雖然對於此項科技是否會落入國

外競爭者尚言之過早，種種跡象顯示命運將會是如此。

資金缺口並不只侷限於環境科技。美國的投資者領先開發了許多突破性的科技，對這些科技而言、在海外受到歡迎投資的青睞。例子包含液態晶體顯示器是由日本和硬碟磁碟機是由新加坡來領導。兩者都是使用於個人電腦之數十億美金產品線。兩者都是在美國發明卻在海外製造。有趣的是這兩個國家都有非常不同的理由成功地獲得資助渡過了資金缺口之問題。新加坡使用非常類似於美國政府處理政府廢棄物而資助環境科技之集中方法。相對的，日本的模式則鼓勵工業建立長期投資來彌補資金缺口。（如圖8-3顯示）

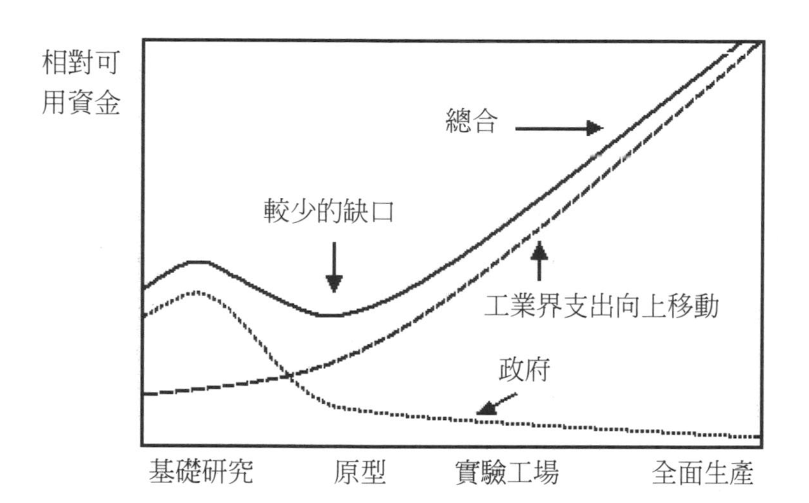

圖8-3　日本政策是鼓勵私人業界去做長期投資來彌補資金缺口

風險，法規則的不確定性，市場片斷性

資金缺口之觀念幫助解釋爲何一般在科技的投資和特別投資於環境科技具風險性。實際上，一份最近由喬密夫・羅曼&查理斯・克提斯提出之報告顯示出對於環境工業風險資本投資遠落沒於其它工上[7]。在1994年，環境科技的投資總合僅佔生物科技公司之1/10。儘管實際上、環境科技公司每年歲收盈餘兩倍於稱生物科技公司。

明顯地，投機的資本家認爲投資於環境科技之風險與高其於報酬。大體上而言，投資場對於具不確定性和須由政府規範及政府花錢之工業顯示極小的興趣。這導至得許多環境科技的市場變得不穩定。因爲許多環境法規是由各授權的州政府制定，且每一州之法規有點不相同、革新者因而只能於許多小市場而不能在全國市場做生意。如此小的市場不能合理化新科的投資。更甚之，環境科技傾向於長期之報酬回收，這基本上與美國資本市場注重於短期間回收背道而馳8。

在環境領域中法規所扮演之重大角色對科技與投資而言，在不同時期有許多。第一代的政策皆焦注於以科技爲基石之規範，這告訴被規範的產業群體該選擇什麼樣的科技。這有助於提昇環境科技的廣泛使用爲一有用之途徑而無法促進革新。如是的規範政策因許多理由獨原於已存在的，較老舊的科技而不利於新的、尙待被証實的科技。第一、管理者通常對已存在的設備不會制定新的規則，條例來加重這些公司新的資本負擔。第二、管理者面臨增大之風險來証實一項新的科技優於一項行之多年之科技。同樣地，一家公司亦面

臨增高之風險來使得一項新的科技獲得認同。因爲管理者將會愈小心並且需要更多的時間來教育管理者新科技的優點。這點有助對現存的處理方法的科技被持續鎖定而使用。

因此，當一項新科技出現時，它立即處於不利之勢[9]。使用新科技建立的工廠能夠得到需要的許可嗎？假如得不到允許，工廠的負責人必須回頭使用老舊的傳統科技來裝備工廠，如此一來，企圖革新便面臨雙倍的成本。即使一項新的科技成功的獲得需要的許可（証書）、比起老舊的科技而言，幾乎總是更費時和更多的成本。如同世界資源中心報告指出：冗時、昂貴、不一致性和不具彈性的許可程序給予革新者莫大的負擔，特別是對於小但富創意性的企業公司而言[10]。

政策回應

科技革新提供了改善環境的可能性、同時降低成本和提升美國的經濟。下一個年代的政策應當朝以下的方向發展：

1.公平的遊戲競爭，如此傳統的科技像是燃燒石化燃料不能得到隱藏的補助。雖然，對新科技提出補助具吸引力，卻鼓勵法者專致於補助的心態，最終，將會變成反效果。一旦一項補助開始時，將會很困難移除它，且今日的新科技將變爲明日的老舊科技。

2.調查一些能夠將污染與資源使用納入成本會計的方法，去鼓勵資源保存以及環境環境科技的採用。直到環境的成本能夠被企業公司所接受，否則對於這些公司而言，製程和產品採用綠色科技予以改善是欠缺合理性。完全成本的會計方法是藉著將環境成本擺到與其它支出相同的總帳內的一種補救法。因此，它是一項重要的工具，保證商業的決策將含括環境考慮的因素。還同時也意謂著，在國家收入的不同水平上，解釋不同國家的情況。這些陳述低估消耗自然資源的成本[11]。修正此項將開啓適當科技採用的契機。

3.創造誘因讓投資者籌備缺口資金或鼓勵政府使用的某種科技。有兩種提供缺口資金的模式，一種爲關於增加政府投資，另一種爲關於增加工業投資。在目前的景況，美國政府增加對科技商業化的資助似乎不可能。實際上，我們已經見到與缺口有關的聯邦計劃迅速的減少，像是由國家標準與科技協會所執行的先進科技計劃。對於私人部門投資於缺口的誘因可能包含降低長期投資的稅收，同時提高短期投資的稅。

4.朝向以表現爲基石的規則來建立污染物標準，獎勵製造較少污染者但是處罰那些超過標準者。這將鼓勵採用新的、乾淨的科技，和不鼓勵持續使用髒製造污染的科技。隨著我們漸漸把焦點在從控制和修復而轉移，到能夠提供達到製程改善和避免污染的新科技世紀之時[12]，以“擴散爲基石的策略“轉爲建立在以“革新爲基石的策略“，的改變已得到保證。

在美國革新的機會，因爲環境法規而無法極大化。要達到的話，國家必須採用建立在以表現爲基石的法規，因爲如此可以具備彈性而減少革新風險。這樣的規則能否完成環境保護和革新知雙重目標，端視表現標準的選擇，表現如何被量測和判斷達到履行，和我們能夠達到什麼的程度去使用規則策略來避免破裂的市場。

美國環保署已經體認出目前的法律結構不利於新的科技

並且在最近開始數項的計劃來培育革新。例如：在“計劃案 *XL*“中環保署打算對能超過目前污染控制規則承諾之新環境科技懇請提案。在評估這些科技之後，一些科技被選擇得到快速的許可或降低規則之監視，然其必須達到符合嚴格表現目標的承諾。這項變化反映出環境規則從命令－控制之策略轉移至命令－承諾之方法（參考第十章）。長期而言，這項模式是否能證實成功，目前尚言之過早[13]。

建立在表現的規則提供產業界去符合或超過標準表現的革新機會，將政府的角色集中在監控履行。這給予產業界機會開發低成本解決方案。加州發展了一套創新的“科技證實協定“來幫助創新的產品更快速地、更便宜地清掃除規則障礙。在聯邦與州政府各層階開始計劃減少建造新設 備之許可數日。包括“一步申購“即可得到所有之許可。環保署與州機構亦開始將老舊與新的科技放在相同的基礎來衡量。

我們有機會以更低的成本來加速科技的採用以便解決未來下一代需面對之環境挑戰。很多這些科技已經存於大學和實驗實中，僅缺乏適當的機會進入市場。下一個年代環境政策的主要任務必須使法規與市場之狀態建立在滋養，環境領中的創新與企業投資。科技進展提供社會最大環境利益與改善產業競爭力的承諾。

——註釋——

1.Thomas Ballantine, "Environmental Policy: The Next Generation-Technology and Innovation" (paper prepared for the Next Generation symposium on technology innovation led by John Preston at Yale University, May 1996).

2.Daryl Ditz, Janet Ranganathan, and R. Darryl Banks, eds., *Green Ledgers: Case Studies in Corporate Environmental Accounting* (Washington, D.C.: World Resources Institute 1995).

3.Stephan Schmidheiny and Federice Zorraquin, with the World Business Council for Sustainable Development, *Financing Change: The Financial Community , Eco-effcienc, and Sustainable Development* (Cambridge: MIT Press, 1996).

4.David Rejeski, "Clean Production and the Post Command-and-Control Paradigm," in *Environmental Management Systems and Cleaner Production* (forthcoming).

5.The EPA has, in fact, launched a new regulatory effort aimed at particulates. See John H. Cushman, Jr., *New York Times*, 1 Dec. 1996: 1.

6.Curtis Moore and Alan Miller, *Green Gold: Japan, Germany, the United States, and the Race for Environmental Technology* (Boston: Beacon Press, 1994).

7.Joseph J. Romm and Charles B. Curtis, "Mideast Oil Forever?" *Atlantic Monthly*, April 1996.

8.The United States has more than $2 trillion managed by money managers. These managers can make money in two ways: by shifting wealth or by

generating wealth. Many of the new short-term financial instruments that increase liquidity for the market tend to shift wealth. For example, an investor in derivatives or futures makes money if someone else loses money-a zero-sum game. Thus, if money was made, it was made by shifting wealth.

As a counterexample, look at what happens when a venture capital investment is made to create a new manufacturing business. At the end of five years, there are numberous benefits to society: the value of the new products generated, the improvement in effciency or quality of life of the people who used those products, and the jobs created by the business.

9.Although many federal environmental laws are crafted as performance standards and not specific technology mandates, EPA guidance to the regulated community often has the effect of transforming these professional standards into technology requirements.

10.George Heaton, Robert Repetto, and Rodney Sobin, *Transforming Technology: An Agenda for Environmentally Sustainable Growth in the Twenty-first Century* (Washing-ton, D.C.: World Resources Insitute, April 1991), 24.

11.See Robert Repetto, "Accounting for Environmental Assets," *Scientific American*, June 1992: 94-100.

12.Nicholas A. Ashford, "An Innovation-Based Strategy for the Environment," in A. M. Finkel and D. Golding, eds., *Worst Things First? The Debate over Risk-Based National Environmental*

Priorities (Washington, D.C.: Resources for the Future, 1994), 303-04.

13. The EPA's Project XL has run into some difficulties (see John H. Cushman, Jr., "EPA and Arizona Factory Agree on Innovative Regulatory Plan," *New York Times*, 20 Nov. 1996: A18).

第九章　從農場到市場的環境保護問題

C. Ford Runge

在本書的其他部份，本書的作者們皆提出了因應下一世代不同經濟部門的環境保護對策，然而我們必須指明的是，農業部門的情況則是全然不同的局面，它從未有過統合一致、最初世代的環保方案先例可供依循。聯邦政府的在農作物生產與價格補貼等方面的深入介入控管，使得農業成爲美國經濟層中最受規制管理的部門。另一方面，具有管制支配性質的環保政策卻從未被援引適用於農畜與糧食生產的管理上。自1930年代以來，如同一般農業政策那種廣泛性質的計劃從未被實施以控制諸如水資源污染、過度施用殺蟲藥劑或物種滅絕的課題上。

檢證以往管理農戶的政策發展史，以發覺如何能建構出能使農業發展與環境保護互蒙其利的良好聯繫是極爲重要的。對初期的移民者來說，如何斬荊披棘與善加利用而非保護他們眼下的那片原始的荒野與未拓的草原，才是他們所亟望追尋的目標。就這樣的，兩個世紀以來，美國的土地與水源被人爲的力量分割、重新導引並積極的運用。美國的農民們從未被要求去稍盡一絲環保的責任以回饋他們從這片土地所贏取得到的自然恩賞，直到1930年代和沙塵暴年代的到來時，聯邦政府才開始插手介入此一局面。一連串的政府方案被制定實施，以防杜農產品的過度供給。而這是藉由迫使農民們停止在政府指定的保育地生產的方式來達成的。雖然自此開啓了長達六十年之久的政府介入局面，但我們必須了解，這種干預的主要考量，仍是放在防範生產盈餘的過度累積，至於如何去保育土地資源反倒不過是政府次要的考量罷了[1]！所以每當整體農業盈餘下跌，農產品價格攀升上揚時，那些土地保育的方案也往往被政府優先放棄。

舉例來說，在1950年代時，一家聯邦的『土地銀行』曾經支付若干自願加入的農民們經費，以換取他們讓自己的農地停止積極耕作，並在山丘旁、水源路徑和牧場邊遍植林木。然而到了1972年，這個曾在計劃的高峰期間坐擁千百萬英畝土地的銀行卻耗空了所有資產。當時，一波農產品出口的榮景與全面性的耕作方式(*fencerow-to-fencerow cropping*)使得土地價值逐步攀升，進一步鼓勵農民們將他們一切可以運用的土地重新投入生產市場。到了1980年代中期，前述的經濟榮景破滅，商品價格開始滑落，而市場也再次回歸常態。加諸新一波人們環保意識的刺激下，新的土地保育方案，也就是保留地保育案(*CRP*)便在1985年實施。如同先前的聯邦土地銀行，此一方案同樣的以支付農民經費的方式來換取後者的休耕，但這一回雙方間所簽訂的契約效期長達十年。然而到了1990年代中期，農產品供給的短缺以及高穀物價格的局面又再次鼓勵許多農民放棄保育的目標，重新讓他們的土地投入生產。

儘管1996年所訂定的一個管理農場的法案，也就是所謂的聯邦農業改進法做了某些重要的突破，然而除了包括重新

啓動*CRP*在內的一些非強制性的保育補貼支付計劃外，事實上對於農業施行的方式並沒有加諸任何有效的環境控管，即使對那些農業活動已然構成當地污染問題的主要源頭的地域亦復如此。對於那些施行的規範而言(例如在濕地保護的案子上)，它們也一如既往，僅止於對所謂的違犯者扣留補助津貼，而非對其課諸罰款。因此可以想像的，當農產品價格上揚而補助津貼相對低落，也就是農民最密集生產的時候，這些規範的效力是何等的不彰了。

至於其他相應於農業導致的環境污染的政府方案，本質上亦通常以『胡蘿蔔』誘予的多，而非以『棍棒』侍之。這些方案包括了聯邦與州政府單位負責管理、廣泛不同的一系列成本分擔的策略，用以支付參加的農民們興建水塘、排水區域及相類似的計劃。捨棄了污染者付費的原則，在我們的農業環保政策的架構下，農民竟然變成政府要去買通勸誘不去製造污染的對象。在一些的事例上，農業的污染被視而不見。舉一個例子來說，水源清淨法便將農業性的污染，特別是在許多田野上流串、衝刷挾帶污染物質的雨量(*runoff from most fields*)視爲『非點源性』的污染(*nonpoint source*)，大幅的從政府的管轄權限中剔除，即便它們對環境造成的傷害有多麼嚴重[2]。因此，在全美一千一百多萬戶的農家裡，竟然只有不到一萬戶數的單位受水源清淨法的規範管轄。

然而，缺少制定可長可久的農業環境對策反倒創造出對以下數項的契機：

1.政府爲活絡市場力量(*market forces*)而在農戶管理的

政策上採取選擇性法令鬆綁的作法，固然降低了農戶不去從事有害環境的農事行為的誘因，卻也同時強化了對於在諸如過度施灑殺蟲藥劑，和在河邊地帶及類似較脆弱易傷的土地上耕作等等最具環境敏感性的農業操作行為上的管制；

2. 有效施用污染性的農藥與殺蟲藥劑，卻同時降低農家生產成本的新技術；
3. 因為將執行環境保育的權柄下授州及地方單位，而聯邦政府有了設定更廣泛的環保標準與提供所需投資經費的空間；
4. 藉由更完善地蒐集包括田野種植的狀況、土壤和水流域特性在內的資料訊息，以幫助政策的制定者標定在哪一些土地上管理是最具成本效益的介入。

掌握上述改革的契機將可以使我們在增進農戶收益的同時，降低農業活動所引起對於環境方面的衝擊。從田地栽種的小麥、玉米、大豆到蔬果，從開闊牧地的牛群到大規模圈養設施密集式的豬禽蓄養，美國的農業生產可說是一項龐大的產業。在全國23億英畝生產使用的土地裡，農業部門便超逾了半數以上的面積。這其中包括了4億6千萬英畝的耕地，以及為數高達5億9千1百萬的放養牲口的草原與牧地。一般而言，前者多集中在美國中部，而後者則多落在乾燥的西部，呈現出農業活動在濕度、土地肥沃度及地形上，有著高度分殊差異的地域差別特質。因應農業生產的重點，不同的地域有其迴然不同的回應方式，也因此我們可以說，那種試圖擬定放諸四海而皆準之的政策來規範農業活動是全然不符實際狀況的[3]。

儘管自第二次世界大戰以來全美農耕地的面積並未有太多的變化，然而因爲耕地的日益密集化利用，農業的產值顯著爆增。農民們利用諸多的方法來促進生產，這包括了使用混種改良的苗種(*hybrid seed varieties*)、改良化的機械收割與播育、施灑補充土壤沃度的各式農化肥料、運用殺蟲藥劑，及擴充灌溉的系統。從1949年至1994年間，每一收割英畝土地的玉米產值了爆增了近四倍之多，而同期之間小麥產值的成長亦超過了150個百分比。雖說這種從耕種土地榨取出更多產值的努力可說是成功了，然而它對水資源的質與量都帶來負面性的衝擊與影響，也讓人對由此而產出的糧食的品質與安全度提出質疑，更大大降低了動植物種的多樣性。另一方面，密集式牲口圈養放牧機構的急遽成長擴張也製造了如何處理相應而生的廢棄物的挑戰，而那是同於、甚至經常是遠遠超過市政單位與產業界所面臨的狀況。

在整個戰後的年代裡，聯邦政府傾力在維繫農業供需調節的努力竟意外地讓某些土地在不同的時間裡維持休耕閒置的狀態。然而1996年農業法帶來了改變，過去那套聯邦的農業政策不再維持，而土地的利用與否又將倒向幾乎隨市場狀況起伏來作考量。若不是經濟競爭轉趨如此地嚴苛激烈，這種變化是不會發生的。當北半球進入1996年的生產季節，穀物和油菜子(*oilseeds*)達到半世紀來的供給新低，因之攀升的穀物價格引發了大規模的家畜宰殺，而這最終也帶動肉品價格的上揚。也因此如今市場的力量也對增加產出這事加添了強而有力的壓力。

在面臨了前述的壓力，以及缺乏重要的約制力量之下，減輕農業面向對於環境的負面傷害效應便相當程度地落在各別農民對於脆弱易傷的耕地、水域，和瀕臨絕種生物及其棲地進行保育工作的主觀意願上。多數的農民和農事工作者認同藉由含混界定的『非點源污染最佳管理作業』(*best management practices*)來達成環保的標的。但是事實上他們只可能在與自己經濟的利益上相呼應時才會身體力行那些從環保標準上認定為正確的操作。因此當他們被要求讓他們的土地停止生產活動，或者是進行一些不會有所助益於他們長短期利益的環保投資時，他們總是迴避不應。這些標誌著個人私己與社會群體利益的分歧點正是新一世代環保政策所要著力的地方。

農業對環保衝擊

技術評估辦公室(*OTA*)對於農業對環境品質所可能造成的衝擊廣度與嚴重度曾提出了三項因素。首先，由於農業生產的活動遍及了全國過半數以上的土地，它所造成的衝擊雖看似是無所不在的，然而實際上，那卻僅僅集中在某些易受創害的特定地域。再者，某些地域顯然遠比他者更能調適或吸納農事生產所帶來的環境衝擊，而使其受創程度較少。其三，迄今為止農業技術與農業政策未曾就前述土地受創的差異度作考量而有所調適因應。在評估那一些農業環保的問題是較廣為人所熟知，有關水源的質與量、物種的棲地，以及土壤的品質等三項的易受創度(*vulnerabilities*)便浮現而出。

這些易受創度對現階段水資源的利用與管理、食物的安全度及維續物種的多樣性提出挑戰與質疑，進而導致土地利用的重大變革。

水資源：有關水資源的問題乃是農業活動所引致對環境最爲普遍易見的傷害。單單農業的用水量便是一個重要的議題。密集式的水利灌溉已然降低了面積橫跨堪薩斯、內布拉斯加，以及科羅拉多三州的歐克拉拉地下水層(*Ogallala aquifer*)的蓄水位，而且也增添了未來嚴重水資源匱乏與生產力降低的可能性。再往西走，美國土地開拓署(*U.S. Bureau of Reclamation*)的計劃案已將諸如科羅拉多與哥倫比亞等河系予以築壩利用，將數以十億英畝呎(*acre feet*)的水源導引，以非農業使用水價十分之一之譜的便宜價格供應農業灌溉之用。這類的水價補貼扭曲了農戶經濟，破壞了理應反應水資源稀有價值的訊號(*signal*)，加劇了城市地域缺水的窘境，更剝奪了野生物種所賴以爲生的重要水源供給。

除了過度耗費水資源之外，農業活動也對全國水資源的品質構成問題。事實上缺乏妥善管理的農業活動便是引致水質傷害的首要因素。土壤的侵蝕、土地的變更使用、殺蟲藥劑以及牲畜的排遺等皆導致水質的變化，而往往會對植物與魚類，乃至飲用水的品質造成劇烈的負面效應。無知濫行施灑肥化料所引致的硝酸納污染更是易於對全美半數以上人口和多數鄉村社區所倚賴的地下水造成影響。至於地表水方面，它則易受那些匯聚於溪河與湖泊、易溶性的肥化料和含括硝酸物、磷或是草脫淨(*atrazine*)之類的除草劑在內的殺蟲藥劑殘餘所污染傷害。

在玉米生產地帶，地表水的問題尤其特別嚴重。更嚴重

的是，匯聚在當地溪流的污染物質隨河水南流，從而也污染了鄰近數州的水源。事實上，中西部八個州河系中的磷污染物質多數來自他州。十六個州中半數以上草脫淨除草劑的匯積量(*concentrations*)自上游而來[4]。就這樣的，數以千百萬噸的農業污染物質最終注入路易斯安那州的灣岸河口地帶，製造了導因於藻類因前述污染物質而過度蓬勃生長，因之降低水中含氧量至甲殼類生物及其他有機生物都無以繼續存生下去的『死亡地帶』。同樣的，匯流至灣區大約百分之八十的氮也是來自於千哩之遙、遠達俄亥俄與密西西比河兩河交匯點的上游溪河，而那幾乎也都是從農耕地上沖刷而下的污染物質[5]。

明白了這樣的污染流程，管制上游的水質無疑地將有助於防範下游的水質污染，這有時候顯然遠比在下游地帶(套句工業上的用語便是『管線的末梢』)花費大把經費來減少污染效應來的有經濟效益的多了。然而，儘管聯邦政府、州政府，及地方各級管理單位已經投注了大筆的經費來改善鄉鎮市的水源處理，諸多湖泊與河流的水質狀況仍在持續惡化。

食品安全：水質的問題也許廣泛爲專家學者們所認知重視，但對一般消費者來說，食品的安全則是他們較爲切身關注的議題。儘管美國優異的食品供需網絡提供了羨煞世界各國人們的各式各樣物美價廉的食物產品，遠程行銷的渠道則增添了對那些設計來防止食物變質腐壞或污染的防腐劑及類似發明物的需求。偶爾，大衆會被某些導因於食品問題而爆發的病疾所警醒，進而呼籲相關單位強化食品安全的監管工作。對於那些運用在農事上、含括殺蟲劑、除草劑及殺菌劑

在內的藥劑，以及食物在送抵廚房料理時，上述物質在其裡裡外外的殘餘成了近年來消費者們主要的關切點。

事實上，環境保護署(*Environmental Protection Agency*)也對這些殺蟲殺菌藥劑進行登錄的工作，並在未加工處理的農業產品和在某些特殊的事例上針對一些加工處理過後的食品，設定了消費者可容受吸收的殘餘劑量上限。然而這一登錄與標準設定的流程卻廣受批評。不僅其評估的過程曠日費時，那對殺蟲殺菌藥劑逐項逐項的評估方式，亦因缺乏從整體攝食光譜的角度去看待它們可能對於人體健康所產生積累式的衝擊，與未多考量在某一食品在市場上被通令禁止或限定流通的情況下，可能有什麼替代的食品可以取代因應等等的缺失而備受爭議。而且僅僅只是集中心力在那些先前未登錄的產品，這套運作體系反倒意外地阻緩了更溫和、更無害人體的新型化學製品的發展，而讓那些舊有欠佳的化學製品繼續被農民們所使用。另一項抱怨則反應出此一體系對於何者該當被拿來作評估核審缺乏有系統的流程。批評者抨擊環境保護署，認爲它理應將其心力放在15種食品中的10種化合成份(*compounds*)，因爲它們與約佔百分之八十的致癌病因相關聯。近來，批評的議論轉而集中在該署對於不同種類的化學製品所可能造成的、諸如殺蟲殺菌藥劑對嬰幼兒，以及對於人體生殖與免疫系統的衝擊風險缺乏適當的關注[6]。也因而就如1993年全國研究會議的一份報告指出的，由於嬰幼兒特殊的發展階段與飲食狀況，他們「在暴露在食物中殘留殺蟲殺菌藥劑下的情況，其反應在質與量的層面上都與成人大不相同。」[7]

事實上環境保護署近來也開始要求殺蟲殺菌藥劑的製造

廠商對他們的產品進行更爲詳細的監管，以明白它們對人體免疫和內分泌系統的影響。經歷了十年的論爭，國會中不同的政治派別在1996年7月達成協議，同意將殺蟲殺菌藥劑標準設定的流程予以大幅翻修更新。隨之而來的立法不僅使得那些較具安全性的新型殺蟲殺菌藥劑的核審作業更加的流暢明快，也更著眼於對幼童的保護，並要求廠商在食品包裝上加註更多產品中殺蟲殺菌藥劑的相關資訊。

這樣的結果也許會使人們的生活中化學成份密集的食物產品變得更少一些，然而可別忘記，美國的農業運作實際上還是相當的依賴這類的化學產品。僅以1990年代初期爲例，預計有3億6千8百萬磅的活化(*active*)除草成份、5千1百萬磅的殺蟲藥劑，以及3千3百萬磅的除霉藥劑被施用在全美主要的農作物上。在1964年與1991年間，美國的農民在玉米種植上所使用的除草藥劑所含的活化化學成份，從2千6百萬磅一躍成長擴增到2億1千萬磅的幅度，而在大豆的生產上，同一期間所使用的數量也從4百萬磅增加到7千萬磅之多[8]。固然這部份成長的原因與農民耕作面積的增加有關，然而多數的成長係導因於農民們施用遠比過去更多的化學製品所致。儘管如此，在農事的層級裡我們仍不難覓得替代殺蟲殺菌藥劑的其他生產方式。這包含了作物輪作和一貫的病蟲害及作物管理方式(*integrated pest and crop management approaches*)[9]。誠然這些未臻成熟的方法仍有待進一步的發展，藉由一連串在農戶誘因上所著力的改變，它們事實上是可以被強化與支撐發展下去的。舉例來說，更多有機食品標籤的使用便會增加消費者的市場選擇，也提供那些在耕作生產面上降低依賴農化製品的農民應得的合理利潤。

生態多樣性：日增的國內外市場需求所施予農業景觀的沉重壓力刻正對動植物物種多樣性的維續產生威脅。諸多草原與濕地的轉爲農耕用地、耕作規模的擴增、農作物多樣性的降低、林地與原野邊際的鏟除他用，以及肥化及殺蟲藥劑日增的使用在在皆爲動植物族群帶來嚴重的衝擊，即令是對那些諸如綿尾兔、鵪鶉和雉雞等傳統上較能在農地的環境下適應生存的物種，它們亦毫不例外的身受此一影響。當所有原生的高草叢群和多數矮草叢群草原被犁平，那些仰賴它們爲生的物種所受到的衝擊可以說是至爲深遠。至少55種的草原鳥種與動物被列入飽受威脅或是瀕臨絕種的境地，另外728種之多的物種隨時將擠入前述的名單之中。縱使是深具適存力多產的綿尾兔群也感受到強大的生存壓力。就如同我們在東伊利諾州東綿尾兔群上所見，它們的數量在1956年到1989年間減少了百分四十左右[10]。

且不論其瑕疵之處，當野地從栽種成排的農作物一變成爲草木覆蓋的土地，保留地保育案確實展現了惠澤野生物種的功用。如同在中西部及大草原地帶那些保留地保育案有著最高含括面積的區域，不同穴居的雉鳥與動物的生存狀況有著顯著十足的改善。一份1988年出爐、跨越三十餘州有關保留地保育案的監管情況研究指出，不同種類的可獵與禁獵物種棲地的適存度已獲致長足的改善。另一份報告也發現過去在1966年至1990年間數量大幅減少的一些草原鳥種又再一度的遍及可見地翱翔在保留地保育案實施下的休耕田野間[11]。

對於那些普遍不討人喜的鳥種或是綿尾兔之流的生物，人們或許會質疑它們的存續與否究竟對他們來說有什麼必要或重要性可言。對此我們事實上並無明確答案，儘管它們攝食多種大量有害作物的昆蟲與植物的行為確實對於人類生產的活動構成一項難以抹煞的重要貢獻。在植物物種的多樣性上，我們有著更令人不得不注目醒思的經驗。研究者已然證驗藉由有系統消除植物的品種而造成的基因庫窄化現象將可能使該地易受不同植物屬性的病害侵襲，而帶來災難性的結果。正如我們在1970年的案例所見，南方玉米葉枯萎症迅速地傳染擴延到全美多數的玉米作物上，搞到後來也唯有動用到庫存在種子公司的全新玉米品種才扭轉此一態勢。

農業學家越來越明瞭儲存各式各樣種質(*germ plasm*)是有其必要的。他們藉由保留一塊塊原生的草原與唯續種子產業的基因庫來達成這一工作。畢竟以市場機能的能力來保持植物物種的多樣性是令人多所疑義的。誠如重量級的玉米種子公司國際混種先鋒公司前首要的植物育種員*Donald Duvick*先生指出的，「種子公司既無能力、也無此必要去支應財務投資在種質的保育工作上，因為此一工作關係公眾福祉，因而理應由全體社會來支持進行。然而種子公司間卻能夠也應該緊密合作，透過它們與政府單位及政策決策者們的接觸，或是經由它們主動對外的宣導及其他促請公眾注意的作為來提供實踐此一標的必要支持。」[12]

土地利用型態的轉變：我們所談的最後一項議題涉及了那些居住在農村地域與城市邊緣地帶的都會人口們。當都會區域擴張到多產的農地時，棲地與生物多樣性所面對的壓力又有絕然不同的另種情況。那種全然將多產的農地與有著潛在性價值的濕地轉為都會土地用途的情況，不僅減少了可供農作物栽種與畜禽蓄養的土地，也摧毀了動植物的寶貴棲地。舉例來說，到了2040年左右，加州中央谷地這種在全國

生產價值上佔有極爲重要的農業地帶便可能被零星散居的低密度都會住宅吞噬掉超過一百萬英畝的農地。

在制定1996年農業法的辯論過程中，政策的評估者與多數的農民們都同意一點，那就是聯邦政府的農業政策是該有所調整改變了，問題的爭議在於如何以及何時來進行這項改變的作業。最後妥協所獲致的結果顯示政策的評估者儘管仍然期待一個較趨向『市場導向』的農業政策，另一方面卻依舊給予配合的農戶們豐厚的酬金，儘管在理論上這樣的給付行爲將在七年內逐漸廢棄不用。在環境保護的層面，除了重新啓動保留地保育案的作業方式，法案中也制定了新一系列的方案，在牲口與動物排遺管理的領域上，特別提供了處理成本均擔與直接給予農戶們進行改善環境所需的財務補助。雖然此一新農業法案保留了對於濕地和高度易蝕性土地的保育要求，整體來說它本質上仍舊是一如既往的給予報酬，而非訴諸刑罰。當七年的期限一過，質疑其內中設定符於領取金額補助的條文是否能發揮功效，因此確實呼應保育環境上的需求。又設使補助的金額用罄，那還有什麼誘因可供予以運用呢？難不成我們要訴諸市場機制嗎？如果竟是這樣，什麼又是較具市場導向的農業政策裡的潛在可能呢？

儘管只狹限在相當有限的程度，諸如對含氮肥化料課稅等等市場和準市場誘因機制的實驗性舉措已然在農業層中進行。從理論上而言實在是沒啥道理，爲何稅負課徵的手段不能用來鼓勵或是勸阻農化製品的施用程度和變更某些製品中包含水溶性與劇毒性等等具有特定環保意涵的特性。愛荷華及一些其他的州政府已試著對農化肥料的使用課徵稅負，以使其被更加謹慎小心的運用。然而截至目前爲止，稅負課徵的程度仍然不大到與農民們大量施用農化肥料所獲取的經濟利益相抵。多數的研究也指出，若是我們想要改變農化肥料在像玉米這類的作物上的使用量，非得比現行所實施的課稅層級擴增個數倍以上的規模才可望達成目標。

環境保護署也曾試著一些透過允許參與者花錢購買『污染權』的方案來管制空氣污染的狀況。對於那些污染物質排放量低於設定標準的公司來說，它們完全有權出售讓渡它們未加使用的污染權利給其他公司。(詳參第七章)在威斯康辛州的胡克斯河以及南卡羅萊那州的塔河與潘立科河地帶，農政學者也正試圖採用此法，而進行土壤滋養物質使用的交易計劃。在他們所擬的方案裡，目標被放在建立並且維持方案施行地域內所能容許施灑的肥化料總量，而彈性的允許肥化料施灑量低於設定標準的農民將他們的權利賣給那些不進行此一交易便會超過限定標準的農民。販售他們的權利將因他們施灑肥化料較少而得到報酬，反之，購買他人權利者被加諸處罰，並且喪失假使不是全部也是部份他們因爲過度使用肥化料所掙得的經濟利益[13]。

正因爲在產製氮與其他土壤滋養物質相關的污染上農業扮演著極其重要的份量，也因爲它近來所獲予的有限度的合法污染權利，透過污染權利的交易手法，事實上也保留了降低土地和水源污染的極大可能。誠然此一方法的運作上，相關部門必須謹慎的施行以避免到頭來反倒成爲『嘉惠污染製造者』的情況，它到底還是不失是個良法，因爲它直指問題的源頭，而不是捨本逐末地在問題的末梢大作文章。雖然對土壤滋養物質採取三級處理的模式(*tertiary treatment*)將耗掉上億以上的經費，在農地上採用的耕作保育技術

(*conservation tillage techniques*)在處理土壤滋養物質的使用與沖刷(*runoff*)的問題上，爲農民和河川下游的居民省下大筆的鈔票[14]。

稅賦的誘因以及其他市場導向的措施亦可以被用來促進和進一步擴張成長發展中農業環保技術。『精準農業』(*precision agriculture*)很自然地在此被人提及。這一項富含多種開發新技術、並令人有所期待的體系便是憑藉著它縝密的評估與繪圖的技術，在不同田野上比例不等的播種及施灑農化肥料。這些大量初步投資所開發出來的新技術無一不是建基在生產量的監控、電腦軟體的技術，以及不同程度的播種施灑與植栽工具的基礎上。誠如一位觀察者所指出的，「稅負的誘因及其他成本均擔的方案在平衡支出，抵消成本代價，與促進環境保護的利益上，的確是可以帶來極大的助益的。特別是對那些水質狀況處於高度危機，而農作和經濟的條件又讓初階的環保投資無望進行，環保技術也無以被採用的區域，這一點事實尤其明顯。」[15]

縱使是隱含這諸種的可能，市場導向的方法未來也需要對所謂的私有財產權做明確的界定。假使農民們在設定門坎的標準下使用土壤滋養物質的權利確實是受到首肯與承認的，那麼市場的機制便應將重點放在如何鼓勵農民們將他們的使用量降低到無虞稅負與罰鍰加諸的門坎標準以下的程度。所有的市場都在一個包含實行或管理標準的架構下運作。而這些定義與規範交易限制與可能的運作標準正是部份決定此一市場運作成功與否的機制。然而在農業與其他部門的許多事例上，私有財產權卻難以被適切的界定，而且試圖去界定它的成本也將會是極其耗資昂貴的。舉例來說，農民們到底憑有什麼去消除原生的野草品種？而誰又有權來決定這事？

如同我們在前文所指出的，因爲與其他的政策與標的糾結牽扯在一塊，聯邦政府在農業環保議題上著力的企圖往往是事與願違，不能成就其所設定的政策目標。正如會計總署(*General Accounting Office*)對於保留地保育方案所作的調查研究那般，便是將關注點放在該方案的施行對於高度侵蝕性土地，而非去探究它讓一些較高耕作成本的土地休耕而因之限制農作生產活動所可能產生的影響成效做評估。該署於是總結推論，過去十年來所獲致在水質改善方面的成果，其實是可以透過給付租用六百萬英畝溪河與水源地帶的緩衝地帶或是過濾帶(“*filter-strips*”)，而不是藉由鼓勵與勸誘方式讓實際上廣達三千六百四十萬英畝的土地來達成相同目標[16]。(我們仍舊不清楚1996年重新啓動、規模範圍遠較過去版本狹限的新保留地保育方案是否採用上述的運作機制。)同樣的事例亦可在聯邦政府試圖批駁對那些在處理環境易受創地帶違反說來十分寬鬆規範的農戶們的金額補貼上見到。雖說就農業環保政策面來說，這一些必要時處予罰鍰的政府方案事屬稀例，它們到底是緊密與隨市場價格攀昇而降低的商品補貼相聯結。因此可以想像的，每當市場價格強勁的時節，農戶們所獲致遠多於平常時日的利潤自然是相對縮小了對於他們違反農業環保規範時所課徵罰鍰的效應。

相對於這些自我衝突矛盾政策，設定一套可供估測的可行標的以改善農業環境便蘊釀而生。不再如過去那樣，這替代方案不是緊緊繫著金額津貼或農戶生產盈餘來運作。新的各個農業環保方案不該是那種放諸四海皆準之的操作模式，

反而應該隨各別農戶、郡、州、地域和全國層級而調整運作的方式。它們在本質上應該是十分科學算計的。好比說它們應該集注精力去精確估算可供檢測的土壤滋養物質的均衡利用，而不是浪費精神在無可量化、窮究所謂品質良莠的『非點源污染最佳管理作業』上。不僅如此，政府的農地保育計劃除了設定土壤滋養物質的均衡利用，亦可進一步擴張去限定殺蟲藥劑施用的可容受程度，以及根據不同土地狀況與其侵蝕的可能程度等分殊特性，給予各別農戶施用不等量額氮化物的權利。而僅僅是改善授予施用氮化物權利的操作，有關部門便可以減少農民們一年多達百分之四十的農藥使用量，因之省下數億美元的開銷。在郡的層級，地方政府的官員便可以就該郡土壤滋養物質的總量運用與殺蟲藥劑施用的程度進行監控管制，並設定可行目標以降低廢棄物質流入重要河域的總量。到了州的層級，州政府匯聚所轄各郡的環保工作目標，對超逾設定標的各別郡予以實質獎勵，也對那些未達工作目標的郡施以罰鍰或其他處分。再往上推，各別州與聯邦中央政府的對應亦復同此。

對於這一套屬於州政府層級的操作方式與環保標準的設定，威斯康辛州的情況爲我們提供了個極佳的說明。作爲試圖保護地表水水質的因應策略之一，該州政府對於那些在政府監控評估中呈現草脫淨這種施灑在玉米田、作爲除草用途的農化產品可能對當地水源與住民帶來高度風險的地區，制定了一些規定來限制它可被施用的程度。這些遠超過聯邦政府標準的法令規範大大降低了草脫淨被農民們使用的程度與密度(*intensity*)。隨著它使用率的銳減，另一些例如*cyanazine*這類因其流動性(*mobility*)與所含化學物質持久性

(*persistence*)較低的替代性除草藥劑的使用自然是日漸增加了。然而仍有不少的農民因爲不知道州政府限制草脫淨使用規範的存在，於是乎影響了他們降低施灑殺蟲藥劑或是採行對環境較少傷害的替代性農化產品的意願。如果州政府能與農民們建立更妥善的溝通管道，並予以後者更多的訓練，以使他們認識到替代性農化產品的存在，相關官員便不難獲得遠比現今還要更令人滿意的環保績效。另一方面來說，威斯康辛州的這些法令規範其實在本質上來說是回應既有的挑戰，而非預防事態發展於期前。更詳細點來說，它們只有在地表水水質問題已然惡化浮現後才來啓動執行[17]。

農業環保政策的決策者們也必須集注心力去促進與刺激相關環保科技的發展，雖說那已經是美國私有部門領域中數項最蓬勃發展的新興研發事業之一。就農業經營技術來說，便有三項的契機蘊育而生。首先，將土地運用的記錄完全電腦化以及更詳實完善的土地測繪技術都將使公有資源的經營變得更爲得心應手，這是因爲透過前述技術的幫忙，公有部門更易於查覺問題之所在，看到那一些資源是他們所迫切需求的，或者是明白到那些地方他們可以著力以使環境的品質有最大的改善空間。誠如我們在明尼蘇達州的事例上所見，當地的官員們便在其所實施的環保計劃中運用了電腦繪製的土地圖錄，藉此來決定哪一些農戶們必須被予以政府補貼以換取他們改變農作經營的模式，甚而在某些案例上，換取他們停止利用他們的田地[18]。

第二項我們要提到的新興科技領域也就是精準農作(*precision farming*)，或另稱爲各別地域導向的農作經營模式(*site-specific farm management*)。在它諸多的操作方法

中，土壤滋養物質的測量(*soil nutrient testing*)與保育式耕作(*conservation tillage*)兩法便提供了我們既具生產效益亦對環境保護有所助益的良方。一份針對賓州農民們所作的調查中顯示，土壤滋養物質的測量大幅降低農民們肥化料施灑的程度達原來狀況的三分之一左右，每一英畝的田地估計也因之省下3.7至13.5美金不等的作業成本。至於標榜將未受利用的作物殘餘部分留置耕作田地地表，而非如傳統作業那般將它們砍去移除的保育式耕作法則不僅減少了土地侵蝕的作用，也避免了耕作燃料、人力及機械無謂多餘的資源耗費。上述的這一類操作法則雖說已經被廣泛運用到全美大約接近百分之四十的耕作土地面積上，這些新興的技術或許還可以經由納稅編入農戶層級的政府保育方案中，做更大幅度地推廣運用，以期發揮它們的功效。

最後我們必須提到代表著近年來另一項有著長足進展的新興科技領域，那便是善用田野中的益蟲和抗蟲性植物物種來擴大防治蟲害功效的一貫式的病蟲害管理模式(*integrated pest management*)。研究者已然證明它所提供的新式防治蟲害方法有助於提供生產收益，同時也降低殺蟲藥劑的使用，當然這也同時大大確保了人們所食用的食物的品質與其安全度。從生活在諸如加州中央谷地這一些都會與農業接壤地帶的公共衛生考量角度出發，這一類新興技術的發展與推廣無寧說是至關重要，且令人引頸期待的。

前面數段中我們所提及的諸項新穎科技現階段已被人們部份地採用與推廣，之所以如此，主要是因爲它們足以節省下農民們作業所需的成本，其次才是考量到它們所可能帶來的附加環保效益所致。所以再一次的明證，制定下一世代農業環保政策的決策者們所面臨的關鍵挑戰是如何在各別私有及社會全體利益超越耕作成本的情況下，尋求促進推廣這一些新興耕作技術的方法。因此，一些額外的誘因必須被開發創造。然而我們也必須謹記，因應不同現地情況的絕佳對策是不可能在遠在首都華盛頓、甚至在州邑所在的辦公室裡避門造居式地制定出來。微觀經營下的農事行為模式(*Micromanaging farm-level behavior*)幾乎註定會是事得其反，缺乏生產效益的。所以我們可以這麼說，發展一套建基於經濟誘因的決策權力下放法則是至為迫需的。

然而面對如此重大的挑戰，一套混雜著獎懲原則的模式仍是我們得去設計的工作。決策權力的下授是不該被當作一個堂皇的理據，以作為農業污染外溢，或容許農牧業者持續、甚而擴增他們以遠低於市場價格的代價使用像水這一般寶貴的公衆資源的情況。聯邦、州及地方當局必須採取適切的行動，並投入金額不等資金以茲因應。各級政府必須分擔起環境保護的責任，而私有部門也必須積極投入去發展那些有益於農業環境保護的新型技術，如此才能確保政府政策能準確無誤地針對那些損及公共健康與生態破壞的地方，也讓對於環境保護至關重要的那些資源能夠被有效地運用與發揮。

總結來說，呼應下一世代農業環保需求的政策理應依循下述的五項原則：

1. 從各別農戶到郡、州，乃至於聯邦政府，設定一套行政層面可供遵循、明確可靠的執行標準。
2. 儘可能地運用以市場為基礎建構的誘因以鼓勵農民

們採用更有效率的作業模式與促進環境保護的新式科技。

3. 建構一套財務獎勵與行政及財務性質的懲處架構，以彌合各別農民利益和整體社會利害間的可能距差，並促使農戶層級的環保工作有所進展，而打消農民們在此一事上反其道而行的倒退行(*backsliding*)。
4. 在農戶層級的保育改良計劃裡保留機動靈活的彈性以回應不同區間在農業環保課題上所面臨的差異性。
5. 將聯邦政府的編列爲農業用途的經費從價格補貼一易而成環境保護爲標的的政策導向，而且將實際執行的重責大任下授，委由那些受到最直接影響的各州及地方單位來全權負責。

在地方、州與聯邦層級施行一種所謂的『負污染稅制』(*negative pollution tax*)便可以充分掌握上述的這些理念[19]。多年來，一些經濟學者便倡議採行一種稱作負所得稅(*negative income tax*)的稅制來取代實行中的社會福利方案。說得扼要些，在此一稅制下，政府對於收入低於稅捐課徵下限額度的家庭予以免徵稅金的待遇。相反的，假若一個家庭的年收入達到一定的設定層級，便符合課徵稅收的標準。年收入越接近課稅的上限門檻，他們所要繳交的稅金也就越高。在面對農業性的污染問題時，我們也依循這個模式提出了個相類似的處理模式，差別只是在於我們不是以收入作爲課徵標準，而是透過審慎的評估與衡量後，以製造例如土壤滋養物質或除草劑等的污染門坎標準來予以課徵負稅。

(參見圖9-1)所署官員們事先會為各別農戶們設定一個包含上下兩層的門檻標準，其中的一個所謂的*T-max*門檻將設定諸如土壤滋養物質或殺蟲劑施灑最大可容忍的使用量，而下層的*T-min*門檻則標定政府希望與努力要達成的施灑量目標。當然每一層門坎的釐訂都視各別地域對污染物質承受的差異性而定。當農戶所施用的累積量超過*T-max*的門檻，他們便必須面臨政府處以罰鍰的處分。未及這一門坎標準的所有農戶則將依他們施灑總量接近*T-min*下限門檻的程度課以多少不等的污染稅率。但當農民們施灑劑量低於*T-min*下限門檻，他們將因被政府認定在環境保護的工作上採取『正面而有益的行為』(*affirmative action*)，而受到政府減稅或者給予金額補貼的獎勵酬勞。

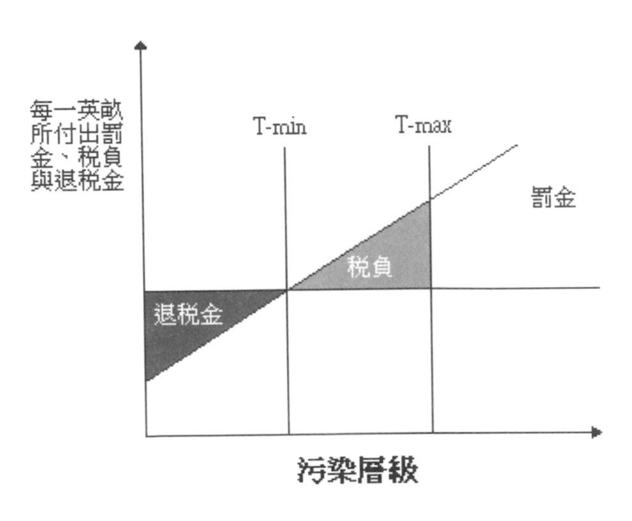

圖9-1　負污染稅圖表

政府除了要擬定出一套明確可行的課稅標準外，在其負污染稅制方案下可供用來降低污染的退稅金(*refund*)也可能對諸如採用精準農作或一貫式的病蟲害管理模式等等新型的農事技術提供了重要的誘因。舉例來說，只要退稅的款項全部都被拿來運用在將農戶耕地的作業轉型成精準管理模式或對土壤滋養物質的測試，州與聯邦層級的單位便可以同意譬如說以每一英畝十元、外加額外附加的十元的價位回饋給這些合作的農民們。相同的(*Alternatively*)，如果判定某些城市邊緣環境保育面上較易受創的農地必須要從從事農作轉型成定期輪休的放牧的情況，政府大可以追加額外的若干款項，納入上述的退稅金之中以購買該地農民的永久耕作權利，同時仍保留他們將土地挪作其他農業用途的機會。最後，一旦對於特定土地所擬定的環保工作目標被明確界定，某種程度污染特許的交易(*trading in polution allowances*)便可以被容忍。也就是說一個施灑低量土壤滋養物質的農戶是可以將他退稅的權利出售讓渡給那些施灑土壤滋養物質界乎*T-min*和*T-max*兩項門坎間的農戶，於是乎後者便可以減輕自己的稅捐負擔，自然也就更容易去採用那些保育的新技術來耕作。這種添加的操作彈性，使得政府單位介入主導的能力大增，也足以回應不同土地所可能產生的差異性問題。

上述的這種施行計劃一方面儘其可能地利用市場取向的諸種誘因，另一方面卻也毫無所損地保留下農業環境保護工作標地的架構。同上的施行計劃也充分利用了現行的資訊技術(*information technology*)來處理土地利用的問題。再者它的優點也在於它實際執行時在財務面向至少是部份自給自足的狀況，因爲它自稅收收得的收益是可以拿來作爲給予達成政府目標的農民們的退稅款項與金額補貼。然而希望這種施行計劃圓滿成功，達到它所設定的目標的話，各級行政管理部門理應確立明確的優先工作標地，同時樂於承認政府是有必要在此事上建立可供依循的獎懲法則，並擔負起實施源於市場誘因導向的環境保護公共政策的責任。

透過我們的析理，說明了當我們在自然環境中做出一連串的分判、抉擇與行動以產製出人們生活所需的糧食與纖維時，農業與環境之間便營造出一種密不可分的緊密關係。事實上整個人類的文明進程史上，也確實充滿了一些由於人們輕疏或者是錯判而擬定錯誤的開發政策而將一些肥沃豐腴的良土搞成全然不具生產價值的廢地的事例。現在我們遠比前人更有機會去利用日新月異的科學技術，發展完備的市場機制，以及充分流通的訊息去好好處理面對這一個農業與環境間連帶的緊密關係，去持續支撐助長農業面向的生產力，以及去改善未來情況下所可能面對的環境品質問題。期望達成這些追求的目標，則有賴我們進一步去修正並改造我們當前面對這類問題時所做的分判、抉擇與行動模式。

——註釋——

1.Whillard W. Cocharne and C. Ford Runge, *Reforming Farm Policy: Toward a National Agenda* (Ames: Iowa State University Press, 1992).

2.U.S. Department of Agriculture, Economic Research Service, *Agricultural Resources and Environmental Indicators: Agricultural Handbook* 705 (Washington, D.C.: Government Printing Office, December 1994).

3.U.S. Congress, Office of Technology Assessment, *Targeting Environmental Priorities in Agriculture: Reforming Program Strategies* (Washington, D.C.: Government Printing Office, October 1995).

4.Richard A. Smith, Richard B. Alexander, and Gregory E. Schwarz, *Quantifying Fluvial Interstate Pollution Transfers* (Reston, Va.: U.S. Geological Survey, 1996).

5.Richard B. Alexander, Richard A. Smith, and Gregory E. Schwarz, "The Regional Transport of Point and Nonpoint-Source Nitrogen to the Gulf of Mexico," in *Proceedings of the Gulf of Mexico Hypoxia Management Conference, December* 5-6, 1995, *Kenner, Louisiana* (Reston, Va.: U.S. Geological Survey, 5 March 1996).

6.John Wargo, *Our Children's Toxic Legacy* (New Haven: Yale University Press, 1996).

7.National Research Council (NRC), Committee on Pesticides in the Diets of Infants and Children, Board on Agriculture and Board on Environmental Studies and Toxicology, and Commission on Life

Sciences, *Pesticides in the Diets of Infants and Children* (Washington, D.C.: National Academy Press, 1993).

8.Gerald Wittaker, Biing-Hwan Lin, and Utpal Vasavada, "Restricting Pesticide Use: The Impact of Profitability by Farm Size," *Journal of Agricultural and Applied Economics* 27, no.2 (December 1995): 352-62.

9.M A. Altieri et al., Agroecology: The Science of Sustainable Agriculture (Boulder, Colo.: Westview Press, 1995).

10.U.S. Department of the Interior, National Biological Service, *Agricultral Practices. Farm Policy. and the Conservation of Biological Diversity*, by Philip W. Gerard, Biological Science Report 4 (Washington, D.C.: Government Printing Office, June 1995).

11.D. H. Johnson and M. D. Schwartz, "The Conservation Reserve Program and Grassland Birds," *Conservation Biology* 7, no. 4(1993):934-37.

12.D. N. Duvick, "Biology, Society, and Food Production: New Concepts, Old Realities," unpublished manuscript, March 5, 1996.

13.Note that the Tar-Pamlico trading scheme involves not discharges among farmers but indirect point-nonpoint trading of discharges. It allows municipalities to contribute to an existing agricultural best-management-practices cost-sharing fund to achieve equivalent or greater discharge reductions by farmers.

14.Paul Faeth, *Make It or Break It: Sustainability and the U.S. Agricultural Sector* (Washington,

D.C.: World Resources Institute, 1996).

15. Richard M. Vanden Heuvel, "The Promise of Precision Agriculture," *Journal of Soil and Water Conservation* 51, no. 1 (January-February 1996):38-40.

16. U.S. General Assounting Office, "Conservation Reserve Program: Alternatives Are Available for Managing Environmentally Sensitive Cropland," report to the Committee on Agriculture, Nutrition and Forestry, GAO/RCED-95-42, February 1995.

17. Steven A. Wolf and Peter J. Nowak, "A regulatory Approach to Atazine Management: Evalutation of Wisconsin's Groundwater Protection Strategy," *Journal of Soil and Water Conservation* 51, no. 1(January-February 1996): 94-100.

18. G. A. Larson, G. Roloff, and W. E. Larson, "A New Approach to Marginal Agricultural Land Classification," *Journal of Soil and Water Conservation* 43, no. 1(January-February 1988): 103-06.

19. C. Ford Runge, "Positive Incentives for Pollution Control in North Carolina: A Policy Analysis," in *Making Pollution Prevention Pay: Ecology with Economy as Policy*, ed. D. Huisingh and V. Bailey (New York: Pergamon Press, 1982).

第十章　邁向生態性的法規與政策

E. Donald Elliott

大部份的現今環保法規違反了生態的基本原則。自然界所有的活動皆是息息相關，但是大部份當代的法規卻將污染物個別的予以規範，鮮少將生態系統予以整體的考慮。大自然的連續通常是逐步地適應（調整），但是今日的環境法規則是在安全的與非安全的，持續達到標準與連續不達到標準的區域，許可與不許可的污染層級做出堅壁分野。

今日的聯邦控制污染法規設定通常不容許地方的例外，猶如絕對的法律上昭書的聯邦標準。取代誘因來調整工業的適應。沒有授權地方當局將標準適應於當地現況，今日的環境法規常被引述爲無所不知的經典，同時法令依類將（經濟）活動控制在聯邦標準視爲前提。這樣的架構所產生的很多問題在第一章（節）即予以確認。這一章將探討特別是法律系統如何能夠（逐步）朝向更加生態的方向。同時審複更具彈性和成本效益的方式來達到環境保育。

聲稱（主張）美國的環境法規在結構上是不具生態性的同時思慮並沒有同等（公平）地運用到今日的法律政策。例如：國家環境政策（受）委託評估主要聯邦（經濟）活動（所產生）環境效應，其不能被視爲（說成爲）在思慮上爲抗環境生態的，充其其量只是在執行面上是一種累贅和缺乏行動效力的。國家政策努力爲未來之下一代保留部份環境的原始性亦相同於在1950年代及1980年代重大污染控制法令的生態世界觀。污染控制法令藉著建立法律上的準則來規範污染符合於聯邦標準用以〝清除（潔）〞空氣、水和土地，從成本與辯論的觀點觀之，是目前政策中心的裝飾品。

法令用以控制煙霧、管理廢棄物已經存在，像是倫敦、芝加哥這樣大的城市數百年之久。雖然科學增加大衆對環境污染的警覺，同時在1960年代時，疾呼需加以處理，對於在1970年代至1980年代在美國境內形成之環境法規之眞正正特質爲一種對抗污染的法律技術，大致上，其人爲許重要的聯邦法規之主要作者其晚期創作品，包含淨化空氣條例修正案，爲美國現存規範污染之法律系統其包含如下之特性：

1. 〝污染歸污染，產業歸產業〞之規範，其爲由政府執行在聯邦法令下，須經過冗長之管理程序和法庭挑戰。
2. 在聯邦的基準下由管理機構所設定之最低標準，用以限制能夠被排入空氣、水或土地之污染量。
3. 必需條件，由各州轉譯聯邦之目標做爲特定設備之法律上之需求，用以（規範）個別之工廠或其它污染量。
4. 保障法律上之權利做爲環保或其它民間團體提出訴訟用以發制執行污染法令，包括強制政府在法令上限定之截止日期需採取行動之活動。

在法律上，受委任減少污染排放計劃案之基本體系通常被認爲是命令一控制系統，因爲政府一方面命令污染減少的程度，另一方面控制少，及某個程度到這些目標之手段。

在美國，聯邦污染控制的努力代表社會資源之一種主畏

投資，範圍每年從一千億至一千五百億[1]，或幾乎相同於馬歇爾計劃，在二次世界大戰後重建歐洲所佔國民生產毛額之百分比。諷刺的是，它是建立在十九世紀之機械式或二十世紀初之企業模式，由中央發號施令至地方執行。這套系統叫做〝合作聯邦體制〞，起源於尼克森時代之管理行政部門，今日在某些地方被引申爲〝短期聯邦命令〞，儘管有其缺點，但在潔淨環境上，明顯成功地達到可量測的進步。但是儘管在目前受規範的區域成功地控制污染的成長，對民主及共和兩黨，其規範，一致的意見認爲這個模式不適合於解決下一代的環境問題[2]。命令—控制很難適應於多變性的問題與現況，對於一套多樣的工具的伴隨需求和在不同層次(級)上政府的活動—未來幾年我們即將面對的。

我們必須對於環境保護的法律工具再創造和再年輕化，其強而逐漸的一致性看法，具有數個理由。首先，我們面對很多存在的環境問題不是如此容易地順從於命令—控制處理的方法。政府官僚體制下命令—控制好此是經濟的中心重要規劃[3]。其被發展用以規劃範少數卻大的工業污染製造者標的物—所謂的〝大灰塵〞像是發電廠、原油精提煉場、化學工廠和汽車工業，主案第一代的環境法規。但是，如許多在這本書其它章節的證實，未來的環境問題通常侷限著重於經濟的其它部份，像是大眾運輸，農業和服務業和其它習慣，如消費者生活方式和消費型態。實際上這些都是命令—控制之政策無法能夠觸及，並且證實使用命令—控制技術很難去影響。存在其它之問題，當政府的命令或限制被解讀爲限制消費者的選擇或生活型態，經常有強烈的政治反彈—從數個藉著再重新設計車子型式和減少交通工具行駛之路程，用以企圖減少汽車污染之失敗可得到證實。

當我們超越僅是規範大型設備、工廠和其它重要污染而著重於因更小並且更廣泛之污染源所引起之問題，使用傳統的規範處理方法將變得更困難。

除此之外，很多人相信，目前用以規範污染的機制是多餘地愚鈍的或是累贅的，導致經濟成本遠高於實際上必須的需求。高成本的政府操作，也導致很多的污染源被遺留在體系之外，因此，我們將同時間面對特定污染來源之過度規範，對其它污染源則極少甚至沒有予以規範之問題。這套目前的系統同時傾向矇蔽科學而有助於政治焦距於大衆注意的環境議題。因前環境規範之政治體系對於特定的聲音具有高度的敏感性（完整良好的組織，科技複雜精良的壓力團體，包括環境學家及商業人士），但是對於缺乏遊說同伴之其它聲音則被摒棄於對話之外無利於經濟的和少數民族，公平無私的科學家。

對於最終環境規範之法律政策與機構之走向，存在著嚴重的分歧和意見不一致。一方面，有些人辯論，環境的聯邦規範，基本前提已經是個錯誤，因此我們應當回歸到以市場爲基礎的環境保護體系，也許是透過一項尚未證實的所有權體系。這個觀點，由在1994年中期選舉掌控權力的共和黨之一些議員爲代表，直到目前爲止，尚未駕控多數的美國人（被多數的美國人接受認可）渴望政府更具回應的、更有效率的和較不便宜的環境法規是一項事實，但是，大衆所需要的是更好更聰明的環境規範，而非回歸至十九世紀無法被規範之市場。

來自市場理論之另一個極端是那些希望能雜亂無章的環

境法規重新制訂成一套新的，一貫性或具〝有機性〞法令的夢想家。很多有趣的構思已經被建設作爲環境法規和政策的基石，其中的一些連同於這些夢想枷鎖提供的批評被摘述於下。這個章節最終將採用的觀點見解爲我們向來準備好介入接受這些全面性的改革，但是我們必須對環境的改革採用一套革命性的策略。而我們將持續性的實驗所有的革新構思，正如同大自然很少將其接受於單一策略一樣，保持多樣性與實驗性。像是天然使然，我們可以藉著小規模地嘗試性的科技和適應來摸索我們的道路，因爲我們可以學習到什麼是最成功的。那麼，在這章節末，我要回歸的最終問題是如何存至目前爲止在環境法規中什麼是最好的與最成功的，然而，透過作爲改革的意見之革新與實驗調適這套系統能捕捉到潛力做得更好（發揮潛力）。

在我們回到什麼是我們應當做的，和如何過度到下一代的環境法規這些立即的問題之前，對於多樣性的先見，最終，我們將何以自處，來整合各種競爭性的構思作爲環境法規的基本改革，做簡潔地審視，是具有幫助性的。

環境改革的策略

一些用以改造環境法規具希望性的革新技術可被歸納成四大類：經濟誘因、改良的環境資訊規劃、私人的或自發性規劃和對環境規劃之結構性改革。

1.經濟誘因：

（1）市場交易系統，1990年因捷徑空氣條例修正案所創立之酸雨交易規劃提供了成功的、大規模的證實，商議全力系統可以在特定狀況下（主要爲確實地監控污染排放之技術可行性），以傳統體系統的成本達到相當的（甚至更好的）污染控制。可商議全力系統長期被經濟學家支持唯一更有效控制污染到健康之議題（見第七章）在實際道德上，是無法予以接受的。使用堅定的命令，控制限制來維護健康，配合誘因系統，像是市場銷售權力，以便進一步的污染減量產生誘因，這樣的一套混合或二階段規範系統對此問題提供了部分解決方案[4]。

（2）物資稅：與其持續目前對原料的補助政策，然後又抱怨回收資源太昂貴，因而有些人支持使用稅賦系統較不浪費及對環境更具保護的原料政策製造廣大的補償誘因。儘管對這些爭議強烈的呼籲訴請，在美國直至目前遭到政治上的反對，無法被採用。然而，逐漸地理解到對所有物及服務課稅的多種好處，而非僅是一項收入，配合逐漸對共同機制的國際功力，在美國此政策最終將有所改變。

（3）排放稅：排放稅法另外一個廣大的誘因用以減少污染排放物至環境。其建立在現存的污染指數，像是有毒物質排放存庫（目錄）或其他適合此目的指數。儘管具有重要的環境理論，其再次面對強型的政治反對。一向私設的選擇方法爲發展像是聯邦政府這樣大型的買主要求供應商提供實際操作的訊息，包括化學品使用及丟棄（排放），考慮這些訊息用以決策是否購買。

（4）補助：政府補助是另一項偶爾有效的經濟團體系

統。像是建設污水處理廠的大衆集資。再一次，政府上的考量不立於這些技術的大規模使用。但是，一些較狹隘的運用，像是利用政府與私人的採購優勢鼓勵開發的環境較不具危害的產品和服務。

（5）貸款規劃：補助策略的另一項變化是在政府規劃案的審核合格過程中，將環境因素列入考慮。現在，數個計劃已完成，像是透過政府擁有的還有海外私人投資公司和進出口銀行資助大型的開發計劃案。如此的處理方式，被設計誘發堅持特定的環境標準，可能的話，可被擴展至國內和海外的其他規劃案。

（6）部份補償：補助的另一種變化是對被規範爲大衆的利益，在環境上具敏感的土地產權擁有者提出部分補償或誘因。（像是濕地）在第五號修正案取得下，其必須被列爲憲法的一部份，這個觀念是具高度的爭議性。然而，因爲對社區的利益，對那些被要求做出不公平犧牲的人，部分補償可視爲一種償報可以減少對那些強硬的環境規劃的反對（阻力）。

〝**資訊軸心**〞，因爲有關於被計算出來環境資料成幾何倍數的增加，因而迫切需要透過將環境資料系統標準化與整合化，使其證據意義與有用。自主聯合的環境統計局爲在這方面背出的一個對策，其以勞工統計局爲模式。然而，資料整合的觀念是更廣泛的，其包含整合私人的，特殊設備的環境資料，發展對環境表現更具意義的指數，和消費者及其他人士可獲得這些資料用以做決策。資料整合同時有國際尺度的難題，因爲雙重的（和潛在性，不公平的交易限制）產品測試和標準，將因產品的跨越國界逐步走向一致性的環境測試整合系統，此套整合系統將用以偵測和限制全球人類的污染。

自我和第三者之檢定與標準設立，在傳統的命令、控制系統之下，政府對資訊的處理形成一個重大的瓶頸，其壓制在建立環境標準和強制執行上面之效率。逐漸地，處理和評估環境資訊將落在地方政府上面，政府的角色變成設立標準和對此系統做點的檢核，而非在零星的層次上處理資訊。因此，聯邦政府與其企圖藉著分析所有可以取到的科學訊息在化學物規的基礎上面做規範，倒不如在〝整體的〞層次上面設定與準則作爲私下的一致標準（如*ISO*、*ASTM*）來做規範，當如此之標準發現爲權威時，甚至可以予以成立。除此之外，增加使用（做爲）個體的標準，像是*ISO1400*環境需求，對環境表現可以提供水準標竿。同時，生態環境的分類可以給消費者選擇對環境上有利產品的能力。

對於強制執行亦有相似的進化發生，像是對環境及進步的自我檢定或第三者檢定的實驗。這項強制執行之處理方法類似於安全與交換委員會之間監控公司財務，其減低對每一家公司緊接地督核，同時允許有限的政府督測資源焦注在個案問題上面。相似的改被應用到食物藥品管理區域，但是被證實具爭議性的。

（7）有用的資訊：許多過去年代的環境規劃是根據在政府規範社區之間威脅與處罰的關係（上面）。然而經驗顯示，提供被規範社區有關於危害的範圍及來源和如何降低對環境影響有用的資訊，對傳統的規劃，是一項高度有效的補助。這些是面對的規劃，當各政黨有強烈的誘因注重其它區域的環境議題時特別有效。例如包括環保署得同及室內空氣

品質規劃和*OSHA*的〝星〞計劃，並包括政府在其他區域知傳統規劃，向農業推廣服務。

(8) 獎勵：對於超乎平常知識環境革新和表現可以提供正面認知獎勵，有用正面的誘因。然而，為了降低不誠實和偽造的主張（所謂綠色清洗），政府和第三者必須能夠證實主張。*FTC*在環境市場資訊的準則提供了一個良好的開始點。

(9) 私人規劃：在"私人"與"公共"規劃之間區別正逐漸地被破壞。因為兩者皆是模範的準則同時暗示環境規劃必須藉由申訴多疑公共的事務來做催生。

(10) 產品管理：產品製造逐漸地使用生命週期分析來評估銷售之後對環境的效應，同時以更容易回收（再利用）或結合產品可被再利用或減少耗損產品成分資源之方法來設計產品。以其對環境更少廢棄物或傷害之形成。有些國家正在提升法律上的觀念，製造商必須對其產品在環境上的命運負責，同時落實"再回收"或其他資源回收計劃。在美國，無論其是否被認知為正式的法律原則，具環境良知的消費者和組織，和應負責任意物之關切，正逐漸地引導製造業者再對他們產品設計決策時，需分析產品"下游"效應。

(11) 環境總品質管理：許多組織正用先進的管理和系統的設計技術，像是總品質管理使得員工能透過組織為參與再設計產品與製造系統，同時提升環境之表現。未來的環境法律與規則應當被設計成幫助或提升改善環境管理的趨勢。

(12) 環境規劃之結構變化：目前，法令當局正已數種各自不同的語言和實質的條款來推廣聯邦環境規劃案。這不僅提高混淆和複雜度，同時導至"單一媒介"之思考模式。

因此環境規劃有時被設計或減少對水或空氣之效應，缺乏對於環境部分效應和適當考量。環境保護署，已有一段時間，推動建立在“多媒介“之規範。目前，立法建立一條能夠適合環境清規成單一和一致性的法令結構，以其能夠超越目前多媒體處理方法之獨一聯邦環境“有機“法案之運動，一直在發展當中。有關於修正環境法規以其能落實和再次編輯現存法規其能符合政治現況之差異性，各家意閱衆說紛紜。

(13) 簡單化：今日之環境法規與規則包含百家諸說，和每年數以百萬計之花費來詮釋。一些改革者相信將環境法規基本的簡單化能夠改善系統之整體表現。

(14) 環境法規再造之進化策略：儘管指控對於提案者之一些意見過於抽象，我們也不可能迅速突然地決定捐棄累贅和昂貴的現存系統－但是是有效的－在1970年代及1980年代被發展出的聯邦規範需求。一項實際的再造必需包含及建立在過去成功的基礎上面，同時利用及開發他們朝著成爲下一代環境規則之法律技術。大自然告訴我們“胚胎形成說“之道路，對於將現存系統蛻變改造，其能表現新的功能。保留第一代環境法規之成就，同時改變這套系統成爲更聰明、更具效率和更具適應性，是行之可能的。

(15) 環境“泡沫“之進化：一條能夠改變環境系統方式爲逐漸地擴展“泡沫“概念以其能允許跨越各科形式之環境風險的更廣泛，多媒介交易。泡沫爲一簡單之概念。其允許彈性，地方落實國家法令。就像是自然的適應，因爲藉著跨越更廣泛類別的環境利益交易，許可他們能適應地方的現況和低成本機會。原本，環境保護屬藉著在潔淨空氣條例下，從包含整個工廠邊界之單一片段之機械裝置點或排放點

之定義政策來發展泡沫概念。這種更廣泛的定義，爲將整個工廠的效應，放在“單一的、想像的泡沫“。因此允許排放源之間的可商確性，只要來自工廠污染量不會增加[5]。藉著控制多一分或少一分支污染處理，一間工廠能夠以低的成本達到相同的污染水平。

然而，原來的泡沫政策容易受限於一堆限制其有效性之束縛：他僅可應用到單一型態之污染和通常在共同管理控制下，像是獨立單一的工廠之連續（污染排放）來源。

最近泡沫邏輯擴張的重大進展爲1990潔淨空氣條例修正案所形成之酸雨交易規劃。此項發性條款再過去十多年來強制降低了來自全國大型電廠大略50%千萬噸二氧化硫之污染。藉著來源之間的交易，比起使用傳統規範技術，成本之部分即可達到相同的減量，在本質上，酸雨交易規劃之“*CAP & Trade*“處理方法是將在美國境內所隨的大型發電廠放在一個泡沫內，繼續執行十多年。這是泡沫概念在時間與空間上之重大擴展，但是其仍然限制使用於來自特定污染源的某種特殊物質。

泡沫的邏輯延伸是可允許跨越各種型態污染之更廣泛交易，泡沫的擴展換言之，污染管制義務的交易跨越不同種類的污染能以更低的成本達到更大環境利益的承諾。更進一步，泡沫概念允許我們將那些目前在範圍外，但其經濟活動可能是不可忽視危害之來源，納入我們的環境規劃案內。點污染源可以和較低成本降低污染排放之非點污染原訂定契約。製造業可以和服務業交易。甚至可以想像，借用工業生態的概念，從包含供應商與製造或甚製造商與消費者，從生命週期之遠景來規劃出一個泡沫。一旦政府建立了風險暴露

與點源，那些處理最佳降低污染者應 當給予行動之誘因。當然，落實上將會面臨一些重大的挑戰。長期以來我們認知再不同種類污染間之交易昭至一些大堆實際上之困難，像是如何在共同的基準上測量不同污染形式之減量。這些問題，雖然在理論上是困難的，在一些顯而明白的例子之中，可以藉著維持政府制定的命令--控制標準作爲水準點，與已實務上的解決。但是允許個別污染源進入可強制性的協議（1.選擇性的污染管制明顯地對於公衆是叫好的[6]。2.污染源環境會變得更好的檢驗與監控的負擔（包括政府監督的成本。））以做爲代替性的順從。

一些人相信測量不同種類環境風險的協議的困難度對於可允許及遠的風險機要的多媒介泡沫是不利的。但是，這個爭議混淆了測量與比較或更技術而言，混淆了基本上與通則上的比較：即做一個人不能精準的測量某些事物，仍然可以做整體的比較當甚具有很大的差異。我們或許不知道佛蒙特州是多麼地小，但是我們仍可知道加州是比較大。相似地，雖然我們無法精確地量測，並且因此無法精確地量測，並且因此無法在即接近的例子中做出許多環境風險開始的交易，在其他的例子中，如果差異是夠大，這將不會是一個問題。從社會的觀點，一種污染效應他種彼此間的交易代表一項良好的投資。只有當明顯地可以證實一種污染風險遠大於另一種時，才可以藉若允許再多種形式的污染風險之間的交易，我們也能形成誘因作爲開發更好的技術用預時間上的比較。

在某種理論水準，一個泡沫或“*CAP & Trade* “的邏輯系統引導諾貝爾經濟學家得主*Ronald Coase*觀察到環境在不具效率的政府規則之州邊訂定契約之能力僅受限於交易之成

本[7]。因此，最終地假如各團體之間能夠自由地交易，他們將藉著轉移負擔治罪便宜的來源來修整規範負擔地方的情境--因此對於相同資源的投資我們能夠得到最大的環境保護。

多媒介泡沫處理方法的好處不僅是更低的成本，同時可以行程控制污染形式或目前在政府規範範圍之外的環境危害。這些目前無法規範的來源，藉著命令--控制之處理方法可能難以規範，但是能夠誘導其改變使其有意於環境來自動地回應出自目前被規範來源。如是的範疇給予地方適應的彈性，同時也行程誘因用以關注目前在規範系統之外的環境機會。例如：（1.能以任何經濟形式）透過提供污染減量之正向誘因（2.之任何經濟形式）來檢議降低排放之規劃。

相似地，也許不可能透過限制選擇而不引起政治反彈的消極，政府命令來規範消費者的生活型態，但是當藉著正面的誘因來引導相同的政變，實證是可以被接受的。例如，經驗顯示在很多情況，提供通勤者搭乘地鐵透過雇主提供的獎勵比起嘗試透過消極的規範誘因，像是限制停車場所和提昇停車費（如在1970年代之潔淨空氣條例下，某些常是如是做、卻失敗了）來將他們趕出車子是更有效率。當我們常像一個大型的工業污染源變的較無舉足輕重的經濟模式，有效率地規範農業、服務業和消費產品的作家機會可能存在於彼此自動交易的"紅蘿蔔"(獎勵)、而非存在於擴張命令--控制的"棍棒"(處罰)。一家已經能夠在他的範圍內似既簡單又便宜的方式來管制大部分的揮發性有機務的精練場也許可以藉著付費地方的乾洗店提升機械設置以降低揮發性有機物質而達到必須額外的減量，一或重新設計消費者的產品用以減少揮發性有機物質是放到環境中。誘因其能找到革新的機會來降低污染----主要來自於目前在於命令--控制系統之外之多數的染源--其爲擴展泡源概念最引人注意的特色之一。

在德國的“雙重“系統或荷蘭的“契約“系統中，允許可強制性的契約達到更大收益的簡易概念已經函擴了某科和看似不同卻有類似的形式[8]。相似地，柯林頓行政體系的環境保護署已經在有限的基礎上來實驗*XL*計畫案，一個允許污染者無須逐字順從於法令命令的規劃案，（在此規劃案）對於選擇性之處理方法具有強烈的社區支持。類似於泡沫概念，這些處理方法保管了現存之規範系統，但是逐漸地轉換他成基準線已被更有效，習慣法之設計排列能夠被判斷。

這些兩階段之處理方法能當做法律上之手段，其能形成誘因以便企業常是新的實務做法作爲轉換的建築磁塊。如同*Charles Pouler & Maltian Chertow*在第一章之描述，當經歷使用新的處理方法來評估環境的表現成長，並且具信心地建立它們時，進一步法律系統的轉換將變的可靠。這可能是挫折一些相信清楚地看到眼前康莊大道的夢想家，但是那些研究法律轉變過程的人明白一個已經合乎成功，根身蒂固的並據政治爭議性的系統，如同今日的環境法規之類等等也不太可能被甚至是最具承諾的構思與以推翻。

將會有更好的方式，這樣抽象的爭論，是無法設服那些懷疑者；只有可驗證的經驗能證實使用更進步的法律技術比起官僚的命令與控制對於未來的環境改善能眞地具有長時間的承諾。我們必須從大處思考小處著手，藉著開始落實這些改變，累積增加或長志根本地轉變系統本身。

從控制和命令到命令和契約

對於未來下一代的環境與政策空擬綱要須具備根本上轉變這樣的暗示以合乎滿足增加的變異度，看似是像矛盾的必須條件，存在著強烈、兩極的意見。使用現存的規範系統作為最低的水準點，其再落實的各層次面上，增加彈性以便能達到相當或更好的環境表現，很多人都能夠同意這樣的出發點。

比起現存的系統具有相當或更好的表現，這種彈性上順從的構思可劃分出多樣的名稱--選擇性的服從*XL*計畫案、多媒介或風險泡沫、“挑戰性規範“或“混合式規範“--但是其中心概念皆能被想成是從“命令和控制“轉換至“命令和契約“。政府仍然命令，能夠辨識環境退化最低可以接受的層次。但是並非控制被規範的團體如何達到這些環境目標的承諾，落實的機構（無論州、地方政府、或獨立工廠）被授權制定她們本身可強制性選擇的服從方法或契約，假定她們能證實選擇性方法可以達到相當或更好的環境表現。這種處理方法本質上允許私人團體圍繞無效用的政府規範之周邊達成契約，藉著一種更具效用的選擇方法達到完成環境表現的相當層次。

彈性承諾系統之主要優點是它能以更低的成本提供革新和達到環境承諾之誘因。部分成本的節省應當與公眾或環境共同來負擔，藉著要求增加改進環境表現而非等同於現存人體系統。這項“進步的邊際“不僅要提升強化彈性承諾之接受程度同時能夠補償伴隨一套新系統用以實驗彈性承諾系統將提供有價值的經驗同時建立過渡到下一階段環境政策的信心。

基本上自相矛盾的言論影響選擇性承諾的計畫。另一方面而言，定義更廣泛同等承諾的量測，對於彈性度，改進的表現和成本的節省方面將會有更大的機會。因此，包羅廣泛的風險泡沫，其能允許環境風險彼此間之交易將能夠提供最大的潛在利益。另一方面而言，測量"等量"的困難度變的越大，越廣泛的概念能被定義。因此，來自一家工廠一部分被釋放出的一磅重二氧化硫更容易被是同相等於來自同樣設備而釋放於其他地點之等重量相同之化學物（二氧化硫）。然而，由於共同的量制工具已經被發展作爲比較上的目的，不相似的環境風險彼此互相對照能夠做更廣泛的交易。

除了比較不同的環境風險的問題之外，選擇性的承諾系統天生上引起取代性的承諾是眞地具同樣 價值的驗證上問題。解決的方法可能是"信任"但是須"驗證"。讓那些受益於更彈性承諾系統者負擔明確地量測和文書上之工作，彈性系統比起其所取代之傳統機制傳遞更佳的結果，藉助政府同意認可的確認機制。故意漠視以設定的標準應當被嚴厲地懲處，不經意地違反或不能達到承諾的應當付出比修補任何增加的污染更多的環境回報。假定允許承諾選擇方法爲現行的系統單起現階段的環境保護政策，因此對於反映在現階段環境的過程或不足的控制，少於矯正。然而，將現階段環境保護作爲出發點朝著對效率的改善同時保留可靠性似乎是很重要的第一個步驟。更甚的，當我們對於環境比現的量測能予以改善，更廣泛的風險交易的定義將能被視爲正當，同時額於那些被目前系統過度地示範者而言，能以達到隨效的減

量來取代之。照著如是的模式，對於目前系統的過度--再特定區域過度亦或不足的控制，能以市場力量的誘因予以矯正，同時向大衆保證環境將持續地被保護。

規劃組織制度的改變

今日，在環境領域有快進的革新與實驗，因爲很多對於落實環境規劃的新處理方法與嘗試和評估。在寬廣的限度裡，這段時期的革新和實驗藉著從轉移華盛頓的權利到州，同時也列單一的區域和機構與以提昇，其對於研發方法以達到另國環境的目標給予更多的彈性。除此之外，更多的全球化提升了成功的技術跨越國界的模仿。再某種意義上而言，將全國目標的原理和彈性地方的落實搭起橋樑已非新的。理論上，大多聯邦的環境法令僅是設定最低的國家標準。但是實際上，在過去的國家規範通常被僅僅地牽住，在已存在的落實方面的改變比較少有彈性。當環境法規成熟時，對於那些接近問題者--同時越接近於設計解決方案者--必須與以信任，授於以更大的裁量來設計革新的解決方案。命令--契約制度增加革新的彈性和機會，同時保留了可靠性。

以自然做引導改造環境法規

關於長時間複雜的制度如何地改變，環境法律學家英上首先聽到這方面意見者。上面所評論的作爲改造環境法律的許多新的構思，沒有一個是自行形成的答案；沒有任何理論家可以拿其辦法或提供萬能藥一棒解決我們所有的問題。但是即使眞的有，如同過去年代我們所建立的環境法規，沒有任何複雜的制度可一夜間就改變。複雜的制度不可以搖搖擺擺地前進，它們是逐漸適應，透過形成新的關係轉變已經存在的這樣微妙的變化將過去柔和入未來。了解其過程方式打造制度的鑰匙。

多媒介泡沫和命令--契約是作爲下一代環境法規正確的策略，因爲她們是聯繫現在與未來的橋樑。即使在目前，其有其力量與薄弱的地方，在未來，具有承諾與不確定性之處。

------註釋------

1. EPA, *Environmental Investments: The Cost of a Clean Environment* (Washington, D.C: Government Printing Office, 1990).
2. See Introduction, n.6. See also E.Donald Elliott, "Forwrod: A New Style of Ecological Thinking in Environmental Law," *Wake Forest Law Review* 1 (1991): 26.
3. Richard Stewart, "Economics, Environment, and the Limits of Legal Control," *Harvard Environmental Law Review* 1 (1985): 9.
4. See E. Donald Elliott, "Environmental Law at a Crossrod," *North Kentucky Law Review* 20 (1992): 1.
5. See *Chevron V. NRDC*, 467 U.S. 837 (1984).
6. The public should be better off in both an aggregate sense and distributionally. Specifically, no individual should be worse off.
7. Ronald Coase, "The Problem of Social Cost," *Journal of Law and Economics* 1 (1960): 3.
8. For more information on the "dual" system in Germany, see Bette K. Fishbein, *Germany, Garbage, and the Green Dot: Challenging the Throwaway Society* (New York: Inform, 1994). For more information on the Dutch "covenant" system, see Hans van Zijst, "A Change in the Culture," *Environmental Forum* 10, no.3 (May-June 1993): 12-17.

行動研究：生活實踐家的研究錦囊

Jean McNiff & Pamela Lomax & Jack Whitehead◎著
吳美枝、何禮恩 ◎譯者
吳芝儀 ◎校閱
定價 320元

近數年來，台灣的教育體系在新世紀教育改革理念的引領推動之下，各項教育政策不斷推陳出新，令人目不暇給。最受到大眾廣泛關切的無疑是最基礎且影響最爲深遠的國民教育階段之變革。從開放教育、自學方案、多元評量、多元入學、小班教學、九年一貫、基本學力測驗等各項方案，無一不對國民教育階段的課程、教學、評量與行政組織等，產生激烈的衝擊。

鼓勵教師針對個人教育實務工作上所面臨的各類問題，思考其癥結和解決的方法，提出有助於改善現況的具體行動策略，實施行動策略並進行形成性評鑑以修正策略，透過總結性評鑑以彰顯實施成效，並在整個行動過程中省思個人的專業成長等，一系列行動研究(action research)的循環過程，則是促使教師能秉其專業知能設計課程與建構教學的最有效方法。

本書『行動研究－生活實踐家的研究錦囊』關注行動研究的各個階段，並採取一個實務工作者–研究者的取向（從行動計畫到書寫報告），提供一些具體有用的建議，包括蒐集、處理與詮釋資料的議題，以及行動研究報告的評鑑標準等。本書的實務取向將鼓舞讀者嘗試新的行動策略來改善他們自身的實務工作，並持續尋求更好的專業發展。致力於以行動研究促成台灣教育和社會的革新與進步！

質性教育研究：理論與方法

Robert C. Bogdan & **Sari Knopp Biklen** ◎著
黃光雄 ◎主編/校閱
李奉儒、高淑清、鄭瑞隆、林麗菊
吳芝儀、洪志成、蔡清田 ◎譯
定價 400元

本書是「質性教育研究：理論與方法」的第三版。本書從第一版到第三版的數年之間，教育研究發生了相當大的變遷。「質性研究」一詞在二十年來逐漸增加其影響力，持續不斷地發展，也獲致了豐碩的研究成果。1990年代以降，質性研究取向吸引了更多曾經接受過量化研究訓練的人，也開始提倡質性研究應該要比早期的方法更具結構性、且更系統化–強調質性研究技術更甚於質性思考方式。同時，其他質性研究者則被強調後現代研究取向的人文學者所吸引，不重視小心謹愼地蒐集實地資料，而更專注於將研究作爲透過書寫來表徵的方式，以及研究的策略。

本書的目的在於爲質性研究在教育上的應用提供一個可理解的背景，檢視其理論根基和歷史淵源，並討論實際進行研究的特定方法，包括研究設計、實地工作、資料蒐集、資料分析、報告撰寫等。本書最後一章則聚焦於質性教育研究之實務應用，討論有關評鑑、行動和實務工作者的研究。我們希望本書對於即將展開質性教育研究的初學者有所幫助，也希望對有經驗的教育研究者而言，這是一本有用的手冊。

質性研究入門

《紮根理論研究方法》

Anselm Strauss & Juliet Corbin ◎著

吳芝儀、廖梅花 ◎譯

定價 400元

紮根理論研究(grounded theory study)係由Barney Glaser和Anselm Strauss在1967年提出，主張「理論」必須紮根於實地中所蒐集和分析的「資料」之中，特別是有關人們的行動、互動和社會歷程。即理論係在眞實的研究歷程中、透過資料分析和蒐集的不斷交互作用衍生而來。質性研究者在蒐集和分析資料的過程中常會面臨許多問題，如：我如何才能理解這些材料呢？我如何才能產生理論性的詮釋，另一方面又能將詮釋紮根於我的材料中所反映出來的經驗現實？我如何能確信我的資料和詮釋是有效和可信的呢？我如何能突破我自己在分析情境中所無法避免的歧見、偏見和刻板化觀點？我如何將所有的分析單元整合在一起，以對所研究領域產生精確的理論說明呢？本書的目的，即是在回答與進行質性分析有關的這些問題，企圖爲準備展開其初次質性研究方案的研究者，以及想要建立實質理論的研究者，提供基本的知識和程序。

本書是譯自Strauss 和 Corbin有關「紮根理論」經典著作「Basics of Qualitative Research」的第二版。在此一新的版本中，作者對原有版本不足之處加以釐清和詳述，增加一些新的章節，並重寫了其他章節。本書區分爲三個主要的部分。第一篇包括第一至第四章，爲後續要探討的內容架設了穩固的舞台，提供必要的背景資訊，以展開紮根理論的研究方案。第二篇呈現在發展理論時會用到的特定分析技術和程序，包括第五章到第十四章。

第三篇包括第十五章至第十七章，探索所有研究者都關心的事，亦即完成分析之後的工作。社會科學領域的研究者如能循序漸進地依照本書所提供的研究程序進行質性資料的蒐集和分析，應有助於建立本土化的紮根理論。

生涯探索與規劃

《我的生涯手冊》

吳芝儀 ◎著

定價 320 元

「生命究竟有沒有意義並非我的責任，但怎樣安排此生卻是我的責任。」

～赫曼．赫賽

在人群之中生活的我們，經常爲了和別人比較優勝劣敗，而忘卻了自己眞正的理想和目標；或者爲了不辜負別人的期待，而勉強壓抑自己深層的憧憬和想望。即使在社會上獲得了偉大的成就，聰明才智足以服千萬人之勞，然而當肩頭擔負的壓力愈是沉重，愈需要爲了讓大多數人滿意而隱藏自己眞正的感覺，愈是無法做回眞正的自己。

我們總是期待向艱難挑戰可以獲致高度的成就感，成就感的滿足會帶給自己快樂的感覺，並對自己感到滿意。然而，當成就不是爲了讓自己快樂而是爲了讓別人滿意時，成就與快樂的天平也將會嚴重失衡，終至迷失了自己。不可否認每個人都有他自己的生活哲學。對相同一件事，當思考的觀點不同，看重的層面有別，即會衍生南轅北轍的生活態度。

本書涵蓋了自我探索、工作世界探索、家庭期待與溝通、生涯選擇與決定、生涯願景與規劃、生涯準備與行動等數個與生涯發展相關的重要議題，均提供了循序漸進的個別或團體活動，以輔助青少年或大專學生的自我學習，並可運用於生涯輔導課程、生涯探索團體、或生涯規劃工作坊中，作爲輔導學生進行生涯探索與規劃輔助教材。

生涯規劃—高職版

吳芝儀、蔡瓊玉 ◎著

定價 275元

本書「生涯規劃」係依據教育部公佈之「職業學校生涯規劃課程標準」編輯而成，經國立編譯館複審通過，深獲審查委員好評。本書在編撰完成之後，曾於雲林縣國立土庫商工進行一整學期「生涯規劃」課程之教學試用，學生反應熱列：咸認本「生涯規劃」手冊內容豐富充實，活動設計活潑生動，符合高中職階段學生生涯探索與生涯規劃之實際需求。

本書旨在藉由循序漸進的個別或團體活動，協助教師在講授「生涯規劃」課程時，能帶領學生進行廣泛而深入的自我探索、工作世界探索，協助學生設定理想的生涯目標與方向；培養學生進行生涯選擇與決定、生涯願景與規劃、生涯準備與行動等重要的生涯技能；以幫助學生用心規劃且逐步達成自我實現的生涯爲目標。

爲什麼得不到我想要的？
《自我基模改變策略》

Charles H. Elliott, Ph.D & Maureen Kirby Lassen, Ph.D ◎著

劉惠華 ◎譯

定價 280元

當事情出差錯時你常會自責嗎？
你覺得自己努力去迎合別人嗎？
你易於向他人妥協嗎？
你有時會覺得自己沒有吸引力嗎？
你很難說「不」嗎？
你曾想過要自殺嗎？

如果你對前面這些問題有任一題答「是」，那你就有明顯的問題範圍會讓你覺得此書有用。你可能會反對：難道對這些列出的問題回答肯定的答案就代表有問題？是的，雖然你得進一步閱讀才能了解爲何只是一些似乎是正向的問題都會導致生活崩潰。對全部的問題只有一、二個肯定答案顯示你閱讀此書的需求不很急迫。沒有肯定答案顯示你可能是世上調適得最好的人之一。但如果你覺得這些問題不少都適用於你，這本書的內容可能會對你有的幫助。它可能會改變你對事實、自己及世界的觀點。

認知治療取向大都認爲我們對事件的詮釋方式會影響我們的感覺和反應。人常過度扭曲事件而導致嚴重的情緒反應。認知治療假定改變扭曲想法可以改善人的感覺。一開始這個模式是強調憂鬱的治療，而後逐漸擴展到許多方面，諸如焦慮、肯定、社交技巧、情緒管理、性問題、改變習慣和問題解決技巧。

認知心理學領域最新的發展–基模治療–提供了一個革命性的新取向，來擺脫對自我價值和人我關係產生重大破壞的負向生活模式。本書運用自我評量測驗和練習，說明要如何辨識生活的不適應基模，檢視觸發它們的事件，而後發展適應的策略，以對自己與他人有新的了解。

中輟學生的危機與轉機

吳芝儀 ◎著

定價 350元

近年來，社會上連續發生多起駭人聽聞、令人髮指的青少年集體凌虐或殺人事件，惡質殘忍的手段擾得人心惶惶，深怕危機就隱藏在自己生活的周邊。更令人難堪的是，在連串類似情節的青少年集體暴力犯罪事件中，我們經常會發現，無論施暴者或是受暴者多是學習成就低落、自認被主流教育體系所放棄的「中輟學生」。這些原應該在校園中愉快地學習和成長的「我們的孩子」，竟然以如此兇狠殘暴的手段來反噬我們在教育上所付出的心力和成本，著實令肩負著教育使命的教育工作者和家長，感到挫折、難過、痛心和不知所措。

識此之故，我們一方面要深入推敲究竟是什麼因素導致這些「我們的孩子」執意掙脫學校的樊籠，另一方面更要仔細尋思有效的策略和方法來將中輟學生所造成的社會危機減到最低。

本書乃將個人近年來在中途輟學成因和中輟防治策略兩方面的探究心得有系統地加以彙整，因此本書的目的有二：一方面試圖從多元角度理解中輟學生的問題，二方面深入探討能解決中輟學生問題的有效中輟防治策略和選替教育方案。期能藉由本書的分析和整理，提供關心中輟學生問題的教育、輔導、社福、警政、法務等不同專業領域的實務工作者參考，協力促成國內中輟學生教育和輔導方案的長足發展，以有效消弭青少年中途輟學或犯罪的問題，減低少年偏差和犯行爲對社會之戕害。

英國教育：政策與制度

李奉儒 ◎主編

定價 420元

隨著國內教育改革的風起雲湧，如何參考借鑑先進國家的教育政策與制度，掌握其教育問題與實施缺失，就成了比較教育研究的焦點。在這些國家中，英國自一九八八年教育改革法頒佈以來，在教育政策與制度方面有很多的變革，其改變之劇烈、範圍之廣闊和影響之深遠，頗值得比較教育研究者關心與瞭解。本書的主要目的正是要分析英國近年來主要教育政策與制度變革之背景、現況與與發展趨勢，提供給關心我國教育研究及教育改革者作爲參考。

比較教育研究的目標可概分爲理論性與實用性目標：前者是根據歷史、文化、政治經濟、社會地理、宗教等因素來了解各種教育現象；這種科際整合性格，促使比較教育結合其他學門如哲學、社會學、經濟學、政治學等學科的研究成果，致力於教育問題的解決。後者則是藉由比較教育研究結果來提供教育決策的建議，藉以改善本國的教育制度；這種借用外國有用的教育設計來改善本國教育的實用性格，說明了比較教育研究一開始就是對於跟本國相異的外國教育和文化等相異性產生興趣，進而以改良或改革本國教育制度爲其目的，而嘗試的一種外國教育研究。

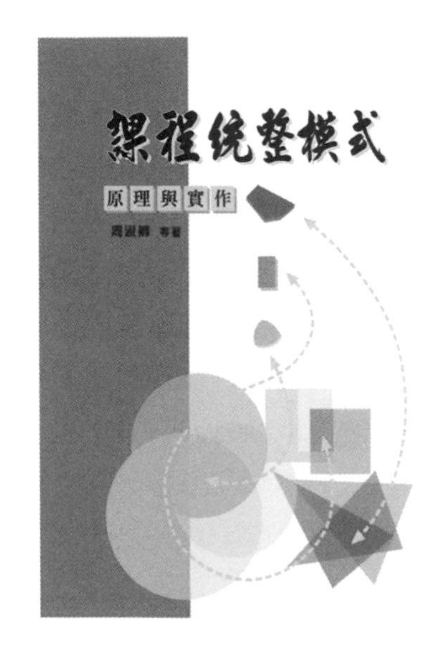

課程統整模式

《原理與實作》

周淑卿 ◎主編

定價 300元

這本書旨在清楚陳述幾個課程統整的設計模式，包含基本理念及設計步驟，以及如何與九年一貫課程的能力指標配合。讀者可以由各個模式的設計解說，配合實例的對照，進一步了解這些模式如何轉化爲實際的方案。

當國內教育界戮力提倡九年一貫課程之際，首當其衝我的國小教師，無不思考如何結合理論與實際，進行課程設計。我們總是一次又一次地相互詰問論辯，試著就一些統整課程的設計模式，思索如何有效運用於九年一貫課程的架構中。

目前在台灣的課程統整方案多以主題式課程進行設計，而且幾乎成爲唯一的統整方式。所謂「主題式」課程，其中可能混雜了「多學科式」(multi-discipline)、「科際式」(inter-discipline) 的想法與作法，但是在實務上，幾乎很難找到「超學科式」(trans-discipline) 的方案。大部份的學校教師只知「主題式」課程，但未深入理解「主題式」課程中不同理論基礎所展現的不同設計方式。此外，所謂超學科課程，本身也有不同的設計模式，同屬一種課程的哲學觀。這些不同的模式背後的知識論、課程觀都值得進一步探討。

青少年法治教育與犯罪預防

陳慈幸 ◎著

定價 420元

「有善念，才不會放任情緒羅織，羅織一個沒有辯解機會的人。有善念，清明的思慮才不至於被扼殺，才能找到一個修持的道場，學佛才不會只是生活上的一個裝飾、襯托與虛驕...」

青少年階段，在人生的旅程中正處於關鍵的時刻，此時他們的生理和心理都未臻成熟，性向尚未穩定，人格亦有待塑造。在這人生蛻變的重要時點，假使父母、教師、社會輔導工作者不能適時予以關懷和輔導，那麼青少年在升學壓力下課業負擔過重、在家庭又得不到溫暖，加上課外活動缺乏指導、不良友伴以及不良社會風氣等多種原因交互激盪之下，極易迷失自己，誤入歧途，而成爲問題學生或非行少年，日後儼然是社會治安的隱憂。

有人說，青少年犯罪問題是一個進步中社會的產物，而同時也是一個污點。但是正當這個污點逐漸趨向擴大爲一種黑暗時，我們不覺深思，這群遊走於黑暗邊緣孤獨、無助、期待伸援的淪失靈魂，我們究竟該如何協助他在一線之間，回頭，走出沈淪？

刻板的刑罰，是最眞確的輔導方式嗎？還是該給在觸犯法律之前，先給予正確的法治教育，才是更「溫柔」的關懷？.........

希望之鴿 (一) (二)

國立嘉義大學家庭教育研究所 ◎主編

優惠價：一套 350元

「在黑暗的夜晚點一盞燈，在寒冰的路上升一點火」只有失去家庭之愛，才能領悟家庭的可貴與親情的溫暖。

有人說：「犯罪問題，生根於家庭、惡化於學校、顯現於社會。」家庭是孩子成長學習的起點，天下父母無不希望子女長大成人後，能成為國家與社會的棟樑；但是父母對子女的責任，不僅止於生養，還要能使之享有充分的教育。如果父母克盡其職責，將每一個小孩養育且教育得很好，這個小孩就會成為一個好公民，對社會國家有所貢獻；否則就有可能造成社會的負擔，甚而危害國家與社會。所以一個人會成為國家社會的良藥或毒草，其關鍵就在於家庭教育實施的良窳。

國立嘉義大學家庭教育研究所在楊國賜校長、林淑玲所長的帶領下，近兩三年來致力於將家庭教育紮根，甚至深入犯罪受刑人的家庭，建構完善的「家庭支持系統」以有效遏止犯罪問題的再發生和惡化。

「希望之鴿」這本書是這些充滿愛心和關懷的家庭教育工作者三年來的心血結晶，集合所有參與家庭支持方案受刑人的成長背景、家庭教育方式及造成家庭成員墮落為犯罪者的無奈和心酸，也包含了收容人目前的親職問題及其往後的生涯規劃等。

期待這些辛酸血淚與真心告白，能使更多莘莘學子與社會中堅獲得啓發，致力於創造融洽健康家庭關係，致力於建立美善的社會。

濤石文化

濤石文化